全国职业技术院校模具制造/模具设计专业

模具制造机械加工技术习题册

中国劳动社会保障出版社

简介

本习题册是全国职业技术院校模具制造/模具设计专业教材《模具制造机械加工技术》的配套用书。本习题册紧扣教学要求，按照教材的模块、课题顺序编排，注重专业知识的巩固和操作技能的培养，知识点分布均衡，题型丰富多样，难易配置适当，有助于学生复习和巩固所学知识与技能。

本习题册由姚小强主编，王雪峰、王卫国、陈亚岗、范为军、贾大虎参编。

图书在版编目(CIP)数据

模具制造机械加工技术习题册/姚小强主编. —北京：中国劳动社会保障出版社，2016
全国职业技术院校模具制造/模具设计专业
ISBN 978-7-5167-2544-3

Ⅰ.①模… Ⅱ.①姚… Ⅲ.①模具-制造-金属切削-职业教育-习题集 Ⅳ.①TG760.6-44

中国版本图书馆 CIP 数据核字(2016)第 141878 号

中国劳动社会保障出版社出版发行
(北京市惠新东街 1 号 邮政编码：100029)

*

北京宏伟双华印刷有限公司印刷装订 新华书店经销

787 毫米×1092 毫米 16 开本 7.75 印张 182 千字
2016 年 6 月第 1 版 2016 年 6 月第 1 次印刷

定价：14.00 元

读者服务部电话：(010) 64929211/64921644/84626437
营销部电话：(010) 64961894
出版社网址：http://www.class.com.cn
http://zyjy.class.com.cn

目　录

模块一　车削加工 …………………………………………………………（1）
课题一　车床基础知识与基本操作 ……………………………………（1）
课题二　常用车刀及工件的装夹 ………………………………………（3）
课题三　车削外圆、端面和台阶 ………………………………………（7）
课题四　车槽与切断 ……………………………………………………（11）
课题五　车孔 ……………………………………………………………（16）
课题六　车削模具导套 …………………………………………………（20）
模块二　铣削加工 …………………………………………………………（25）
课题一　铣床基础知识与基本操作 ……………………………………（25）
课题二　铣床刀具及工件的装夹 ………………………………………（27）
课题三　铣削平面 ………………………………………………………（29）
课题四　铣削台阶 ………………………………………………………（35）
课题五　铣削直角沟槽 …………………………………………………（39）
课题六　铣削冲裁模凸凹模 ……………………………………………（43）
模块三　磨削加工 …………………………………………………………（48）
课题一　磨床基础知识与基本操作 ……………………………………（48）
课题二　磨削平面 ………………………………………………………（50）
模块四　数控车削加工 ……………………………………………………（54）
课题一　数控车床基础知识与基本操作 ………………………………（54）
课题二　数控车削外圆及端面 …………………………………………（58）
课题三　数控车削圆弧面 ………………………………………………（66）
课题四　数控车削直槽 …………………………………………………（74）
课题五　数控车削塑料碗模具型芯 ……………………………………（81）
课题六　数控车削塑料碗模具型腔 ……………………………………（88）
模块五　数控铣削加工 ……………………………………………………（95）
课题一　数控铣床基础知识与基本操作 ………………………………（95）
课题二　数控铣削模具型芯 ……………………………………………（100）

课题三　数控铣削模具型腔 …………………………………………………………（107）

模块六　模具零件精密加工……………………………………………………（115）

课题一　成形磨削加工简介 …………………………………………………………（115）

课题二　坐标镗床加工简介 …………………………………………………………（116）

课题三　坐标磨床加工简介 …………………………………………………………（118）

模块一　车 削 加 工

课题一　车床基础知识与基本操作

一、填空题（将正确答案填写在横线上）

1. ________做主运动，________做进给运动的切削加工方法称为车削。

2. 车削的加工范围很广，其基本内容包括________、______、切断和车槽、________、________、________、______、________、________、车成形面、滚花和盘绕弹簧等。

3. 在车床上装上一些附件和夹具，还可进行________、________、________和抛光等。

4. 主轴箱支撑主轴并带动工件做________。主轴箱内装有齿轮、轴等，组成________________。

5. 交换齿轮箱把主轴的转动传递给________。交换齿轮箱接受________传递的转动，并由此传递给进给箱。

6. 溜板箱接受________或________传递的运动，以驱动床鞍和中、小滑板及刀架，实现车刀的________或________运动。

7. 尾座安装在床身导轨上，并沿导轨________移动，以调整其工作位置。尾座主要用来装夹________________，以支撑________工件；也可装夹______、___等进行孔加工。

8. 每天工作后，切断______，对车床各表面、各罩壳、______、______、光杠、各操纵手柄和操纵杆进行________，做到________、________、车床外表清洁。

二、选择题（将正确答案的代号填入括号内）

1. 冷却装置主要通过（　　）将切削液加压后经冷却嘴喷射到切削区域，降低切削温度，冲走切屑。

　A. 冷却泵　B. 尾座　C. 电动机　D. 冷却系统

2. 主轴箱内的零件是采用油泵循环润滑或（　　）。

　A. 油绳润滑　B. 飞溅润滑　C. 浇油润滑　D. 滴油润滑

3. 操作车床或测量工件时不准戴（　　）。

　A. 套袖　B. 眼镜　C. 手套　D. 帽子

三、判断题（正确的打“√”，错误的打“×”）

1. 车床使用前应检查其各部分机构是否完好。（　　）

2. 更换刀具时，可以不用停止车床运转。（　　）

3. 工件装夹后，卡盘扳手必须立即从卡盘上取下。（　　）

4. 车床运转时，必须集中精力，可以用手抚摸工件表面。 (　　)

5. 操作车床时，操作人员可以短时间离开岗位，但不准做与操作内容无关的事情。 (　　)

6. 车床运转时，严禁用棉纱擦拭回转中的工件。 (　　)

7. 操作车床时应戴好防护眼镜，刃磨刀具时可以不戴防护眼镜。 (　　)

8. 应使用专用铁钩或游标卡尺清除切屑，不准用手直接清除。 (　　)

9. 操作中若出现异常现象，应及时停车检查；出现故障、事故时应立即切断电源，及时上报，由专业人员检修，机床未修复不得使用。 (　　)

10. 床身是车床的大型基础部件，有两条精度很高的 V 形导轨和矩形导轨。 (　　)

四、简答题

1. 车床上常见润滑方式有哪些？

2. 简述车床上刀架部分的组成及作用。

3. 简述车床床身组成及作用。

4. 为什么要严格执行安全操作规程?

5. 简述 CA6140 型卧式车床的润滑系统标牌上“$\frac{46}{50}$”的含义。

五、实训题

1. 完成普通车床（如 CA6140 型卧式车床）开机、关机、切削液开启和关闭的操作。
2. 完成一次普通车床（如 CA6140 型卧式车床）的清洁和润滑保养。

课题二　常用车刀及工件的装夹

一、填空题（将正确答案填写在横线上）

1. 90°车刀主要用来车削工件的外圆、________和________。45°车刀主要用来车削工件的外圆、________和________。

2. 车刀切削部分在很____的温度下工作，经受_________的摩擦，并承受很大的________和冲击。

3. 高速钢刀具制造简单，刃磨________，容易通过刃磨得到________的刃口，而且韧性较______，常用于承受冲击力较大的场合。

4. 硬质合金是用____和____的碳化物粉末加钴作为________，高压压制成形后再经________而成的________制品。

5. K 类（钨钴类）硬质合金适于加工短切屑的________、有色金属及________。

6. 车刀由刀头（或刀片）和刀柄两部分组成。刀头担负切削工作，故又称为________；刀柄用来把车刀______在刀架上。

7. 主切削刃和__________交汇的一小段切削刃称为刀尖。为了提高刀尖强度和延长车刀寿命，多将刀尖磨成________形或________形过渡刃。

8. 75°车刀是由三个刀面、____条切削刃和____个刀尖组成；而 45°车刀却有______个刀面、______条切削刃和____个刀尖。

9. 对于车削，一般可认为基面是________。

10. 车刀前角和后角分别有________值、________度和________值三种。

二、选择题（将正确答案的代号填入括号内）

1. 主切削刃在基面上的投影与进给方向间的夹角称为（　　）。

A. 主偏角　　B. 副偏角　　C. 前角　　D. 后角

2. 主切削刃与（　　）间的夹角称为刃倾角。

A. 前面　　B. 基面　　C. 正交平面　　D. 后面

3. 正交平面即是通过切削刃上的某选定点，并同时垂直于基面和（　　）的平面。

A. 前面　　B. 切削平面　　C. 后面　　D. 待加工面

4. 前面和主后面的交线称为（　　）。它担负着主要的切削工作，在工件上加工出过渡表面。

A. 刀尖　　B. 副切削刃　　C. 主切削刃　　D. 过渡刃

5.（　　）类硬质合金适于加工长切屑或短切屑的黑色金属和有色金属。

A. M　　B. P　　C. K　　D. 都不对

三、判断题（正确的打“√”，错误的打“×”）

1. 刀具上切屑流过的表面称为前面，又称为主后面。（　　）

2. 与工件上过渡表面相对的刀面称为副后面；与工件上已加工表面相对的刀面称为主后面。（　　）

3. 通过切削刃上某选定点，垂直于该点主运动方向的平面称为基面。（　　）

4. 主切削刃在基面上的投影与进给方向间的夹角称为副偏角。（　　）

5. 副切削刃在基面上的投影与远离进给方向间的夹角称为主偏角。（　　）

6. 车刀的主切削刃与基面间的夹角是刃倾角。（　　）

四、简答题

1. 简述常用车刀的种类及其用途。

2. 车刀切削部分的材料必须具备哪些基本性能？

3. 简述刀具材料高速钢的特点及适用场合。

4. 简述 P 类硬质合金的用途。

5. 在横线上写出图 1—2—1 所示的刀具各部分的名称。

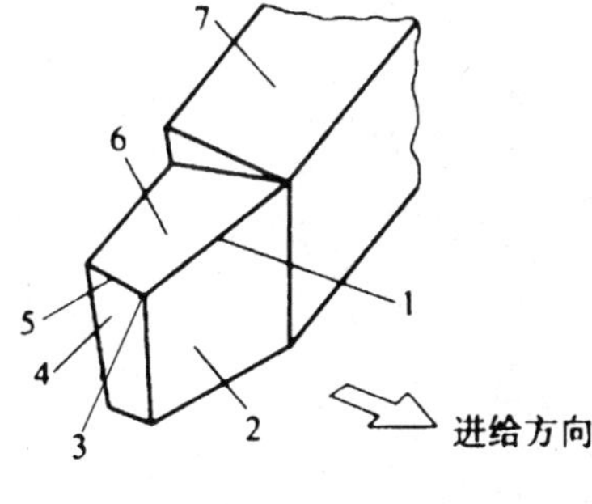

图 1—2—1　车刀结构

1—________

2—________

3—________

4—________

5—________

6—________

7—________

6. 简述固定顶尖和回转顶尖的优缺点。

7. 一夹一顶装夹有什么特点？

五、实训题

1. 在车床上正确安装车刀（具体车刀由实习指导老师提供）。
2. 正确选择夹具，并在车床上装夹毛坯件（具体毛坯件由实习指导老师提供）。

课题三　车削外圆、端面和台阶

一、填空题（将正确答案填写在横线上）

1. 光轴或直径________的台阶轴，一般采用热轧圆棒料毛坯。当成品零件尺寸精度与冷拉圆棒料相符合时，其外圆可________，这时可采用冷拉圆棒料毛坯。

2. 对于比较重要的轴，多采用锻件毛坯，由于毛坯________后，能使金属内部纤维组织沿表面均匀分布、______、________，从而能获得较____的机械强度。

3. 在加工零件时，一般采取________与________分开的原则，即先对所需加工的表面全部进行________，然后再进行半精车和精车。

4. 粗车可及时发现毛坯材料的__________，也能消除毛坯工件内部的残余应力和______________。

5. ________是车削的末道加工工序，加工余量较______，主要考虑的是保证________和加工表面质量。

6. 粗车时容易使工件发热而变形，粗车与精车分开后，使工件在精车前有__________的机会，以免因工件发热而影响__________。

7. 粗车与精车分开后，可以合理地安排________，粗车可安排在________、动力大的车床上进行，精车则可安排在________的车床上进行。

8. 粗车时，应选择强度和刚度高、抗冲击能力强的刀具材料，以适应____________、____________、排屑顺利的要求。

9. 粗车较大的台阶轴时，一般从__________的部位开始加工，__________的部位最后加工，以使整个切削过程有较高的刚度。

二、选择题（将正确答案的代号填入括号内）

1. 粗车时，应在车床工艺系统刚度允许的前提下，尽量选用较大的背吃刀量和进给量，选用（　　）切削速度。

A. 高　　B. 中等　　C. 低　　D. 随意的

2. 左偏刀一般用来车削（　　），也适用于车削直径较大、长度较短的工件端面和外圆。

A. 右向台阶　　B. 左向台阶　　C. 台阶中间部分　　D. 任意方向台阶

3.（　　）刀头强度和散热条件比45°车刀好，因此适用于粗车轴类工件的外圆，以及强力车削铸件、锻件等加工余量较大的工件的外圆，还可以车削铸件、锻件的大端面。

A. 切断刀　　B. 90°车刀　　C. 75°车刀　　D. 60°车刀

三、判断题（正确的打“√”，错误的打“×”）

1. 在车削体积较大且精度要求较低的工件时，由于装夹困难，可以不采取粗车与精车分开的原则。（　　）

2. 在轴类零件端面钻中心孔时，中心钻头钻至圆锥部的1/3左右深度时为止。（　）

3. 工件在顶尖上装夹时，顶尖套从尾座伸出的长度应尽量长一些。（　）

4. 试车的目的是为了控制背吃刀量，保证工件的加工尺寸。（　）

四、简答题

1. 简述倒角“C2”的含义。

2. 什么是试车？

3. 简述75°车刀的特点及适用场合。

五、实训题

车削图 1—3—1 所示光轴。

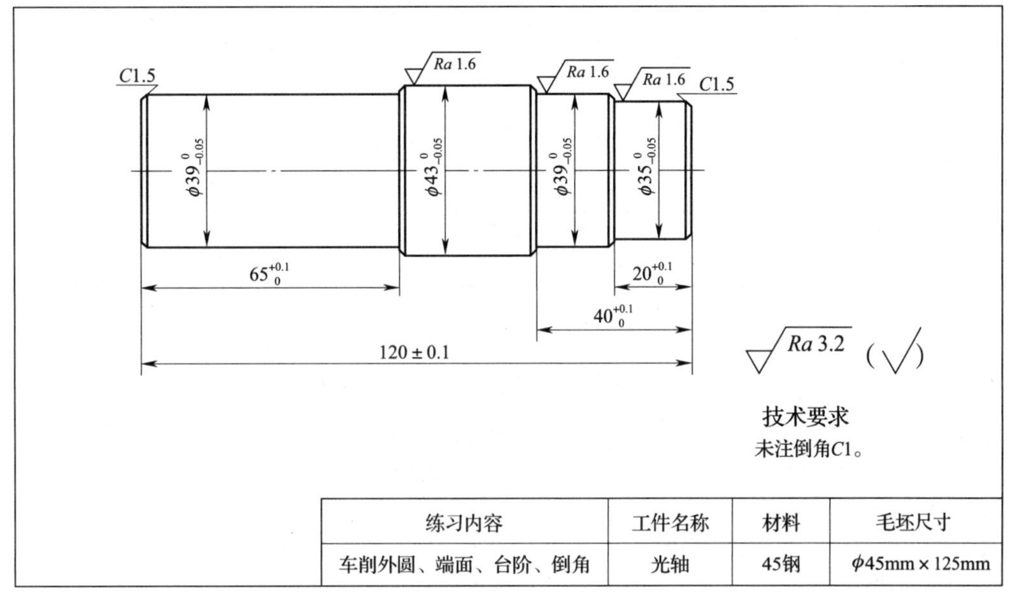

图 1—3—1　光轴零件图

1．确定加工工艺方案

正确选择加工刀具、切削用量，制定车削光轴的加工工艺，并填写在表 1—3—1 中。

表 1—3—1　　车削光轴的加工工艺过程

序号	工艺步骤	车刀类型	主轴转速 n（r/min）	进给量 f（mm/r）	背吃刀量 a_p（mm）

续表

序号	工艺步骤	车刀类型	主轴转速 n（r/min）	进给量 f（mm/r）	背吃刀量 a_p（mm）

2. 加工精度检测与质量分析

（1）正确使用量具检测光轴，并填写零件加工精度检测评分表（表1—3—2）。

表1—3—2　　零件加工精度检测评分表

考核项目	考核内容		配分		评分标准	检测结果	得分
	尺寸（mm）	表面粗糙度（μm）	尺寸	表面粗糙度			
尺寸精度及表面粗糙度	$\phi 39_{-0.05}^{0}$	$Ra3.2$	12	3	尺寸超差0.01 mm扣5分 表面粗糙度超差不得分		
	$\phi 43_{-0.05}^{0}$	$Ra1.6$	12	3	尺寸超差0.01 mm扣5分 表面粗糙度超差不得分		
	$\phi 39_{-0.05}^{0}$	$Ra1.6$	12	3	尺寸超差0.01 mm扣5分 表面粗糙度超差不得分		
	$\phi 35_{-0.05}^{0}$	$Ra1.6$	12	3	尺寸超差0.01 mm扣5分 表面粗糙度超差不得分		
	$65_{0}^{+0.1}$		5		超差不得分		
	$40_{0}^{+0.1}$		5		超差不得分		
	$20_{0}^{+0.1}$		5		超差不得分		
	120 ± 0.1		4		超差不得分		
	倒角 $C1$、$C1.5$（共5处）		5		每超差一处扣1分，扣完为止		
工艺	工艺制定合理		10		酌情扣分		
其他	安全文明生产		3		违反规定为不合格		
	现场操作规范		3		违反规定为不合格		
合计			100				

（2）在表 1—3—3 中记录问题现象、产生原因、预防和消除措施。

表 1—3—3 **车削光轴的质量分析**

问题现象	产生原因	预防和消除措施

课题四　车槽与切断

一、填空题（将正确答案填写在横线上）

1. 工件外圆和端面上的槽称为________，工件内孔中的槽称为________。把坯料或工件切成两段（或数段）的加工方法称为________。

2. 在外圆上车槽一般为________车削，背吃刀量是________于已加工表面方向所量得的切削层宽度的数值。所以，车槽时的背吃刀量等于车槽刀________。

3. 装夹车槽刀时，刀头轴线应与________垂直，否则车出的槽壁可能________。

4. 直形车槽刀和切断刀的________相似，刃磨的方法基本相同，只是刀头部分的宽度和长度有些区别。有时车槽刀和切断刀可以________。

5. 切槽刀刀头窄而长，强度较差，切削时刀头在工件的________进行，______较差，________困难，所以容易造成刀头________或折断。

6. 按切削部分材料不同，切断刀分为______切断刀和________切断刀。

7. 车槽的位置在保证安全的前提下应尽量________三爪自定心卡盘的卡爪，以增加工件的________。

二、选择题（将正确答案的代号填入括号内）

1. 硬质合金切断刀由于切削部分材料为硬质合金焊接在刀体上而成，所以适用于（　　）。

A. 断续切削　　　　B. 低速切削

C. 高速切削　　D. 连续低速切削

2. 切断刀的主切削刃宽度一般取（　　）mm，若主切刃宽度太宽，在切削时容易造成振动。

A. 2 ~ 5　　B. 5 ~ 7　　C. 7 ~ 9　　D. 6 ~ 8

3. 硬质合金切断刀所选用的切削用量应比高速钢切断刀所选用的（　　）。

A. 大　　B. 小

C. 相同　　D. 大或小均可以

4. 反向切断时，不容易产生振动，且切屑（　　）排出，不容易在槽中堵塞。

A. 向上　　B. 向前　　C. 向下　　D. 向后

三、判断题（正确的打“√”，错误的打“×”）

1. 切断直径较大的工件时，由于刀头较长，刚度差，容易产生振动。（　　）
2. 车槽时，背吃刀量大于车槽刀主切削刃宽度。（　　）
3. 高速钢切槽刀可不加切削液进行切削。（　　）
4. 装夹车槽刀时，主切削刃必须与工件中心等高。（　　）

四、简答题

1. 简述弹性切断刀的优点。

2. 简述车槽（切断）时切削用量的选用原则。

3. 简述精度要求较高的矩形沟槽的车槽方法。

4. 简述装夹车槽刀的注意事项。

五、实训题

车削图 1—4—1 所示轴零件的外槽。毛坯是已经完成外圆加工的光轴下料获得。

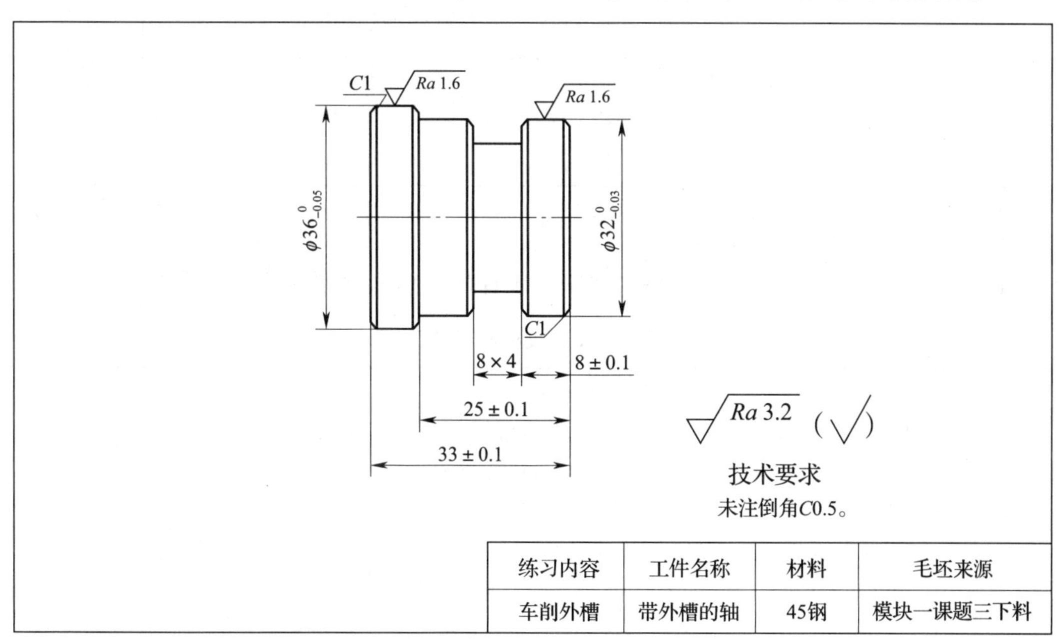

练习内容	工件名称	材料	毛坯来源
车削外槽	带外槽的轴	45钢	模块一课题三下料

图 1—4—1　带外槽的轴零件图

1. 确定加工工艺方案

正确选择加工刀具、切削用量，制定车削轴零件外槽的加工工艺，并填写在表1—4—1中。

表1—4—1　　车削轴零件外槽的加工工艺过程

序号	工艺步骤	车刀类型	主轴转速 n（r/min）	进给量 f（mm/r）	背吃刀量 a_p（mm）

2. 加工精度检测与质量分析

（1）正确使用量具检测外槽零件，并填写零件加工精度检测评分表（表1—4—2）。

表1—4—2　　零件加工精度检测评分表

<table>
<tr><th rowspan="2">考核项目</th><th colspan="2">考核内容</th><th colspan="2">配分</th><th rowspan="2">评分标准</th><th rowspan="2">检测结果</th><th rowspan="2">得分</th></tr>
<tr><th>尺寸（mm）</th><th>表面粗糙度（μm）</th><th>尺寸</th><th>表面粗糙度</th></tr>
<tr><td rowspan="2">尺寸精度及表面粗糙度</td><td>$\phi 36_{-0.05}^{0}$</td><td>$Ra1.6$</td><td>12</td><td>5</td><td>尺寸超差0.01 mm扣5分
表面粗糙度超差不得分</td><td></td><td></td></tr>
<tr><td>$\phi 32_{-0.03}^{0}$</td><td>$Ra1.6$</td><td>12</td><td>5</td><td>尺寸超差0.01 mm扣5分
表面粗糙度超差不得分</td><td></td><td></td></tr>
</table>

续表

<table>
<tr><th rowspan="2">考核项目</th><th colspan="2">考核内容</th><th colspan="2">配分</th><th rowspan="2">评分标准</th><th rowspan="2">检测结果</th><th rowspan="2">得分</th></tr>
<tr><th>尺寸（mm）</th><th>表面粗糙度（μm）</th><th>尺寸</th><th>表面粗糙度</th></tr>
<tr><td rowspan="5">尺寸精度及表面粗糙度</td><td>8×4（直槽）</td><td>Ra3.2</td><td>20</td><td>10</td><td>超差不得分</td><td></td><td></td></tr>
<tr><td colspan="2">33±0.1</td><td colspan="2">5</td><td>超差不得分</td><td></td><td></td></tr>
<tr><td colspan="2">25±0.1</td><td colspan="2">5</td><td>超差不得分</td><td></td><td></td></tr>
<tr><td colspan="2">8±0.1</td><td colspan="2">5</td><td>超差不得分</td><td></td><td></td></tr>
<tr><td colspan="2">倒角 C1、C0.5（共5处）</td><td colspan="2">5</td><td>每超差一处扣1分，扣完为止</td><td></td><td></td></tr>
<tr><td>工艺</td><td colspan="2">工艺制定合理</td><td colspan="2">10</td><td>酌情扣分</td><td></td><td></td></tr>
<tr><td rowspan="2">其他</td><td colspan="2">安全文明生产</td><td colspan="2">3</td><td>违反规定为不合格</td><td></td><td></td></tr>
<tr><td colspan="2">现场操作规范</td><td colspan="2">3</td><td>违反规定为不合格</td><td></td><td></td></tr>
<tr><td colspan="3">合计</td><td colspan="2">100</td><td></td><td></td><td></td></tr>
</table>

（2）在表1—4—3中记录问题现象、产生原因、预防和消除措施。

表1—4—3　　　　车削外槽的质量分析

问题现象	产生原因	预防和消除措施

课题五　车　　孔

一、填空题（将正确答案填写在横线上）

1. 车内孔的关键技术是解决________________和________问题。

2. 内孔车刀可分为________车刀和________车刀。

3. 为了防止内孔车刀________和孔壁摩擦，又不使________磨得太大，一般磨成________。

4. 车孔是常用的孔加工方法之一，可作为________，也可作为________，加工范围很广。

5. 车内孔的工作条件较差，________差，________困难。

6. 毛坯上的孔一般是通过________、________获得或用钻头钻出的，一般为了要达到图样的技术要求，还需用________来车孔。

7. 刀柄伸出长度应尽可能短，以保证车刀刀柄有足够的________，减小切削过程中的________。

8. 盲孔车刀的刀尖在刀杆的________，刀尖到刀杆外端的距离________半径，否则无法______孔的底面。

二、选择题（将正确答案的代号填入括号内）

1. 用内径千分尺测量孔径时，必须使其轴线位于径向，且（　　）于孔的轴线。
   A. 垂直　　B. 平行　　C. 倾斜　　D. 靠近

2. 通孔车刀的几何形状基本上与（　　）相似。
   A. 45°车刀　　B. 外圆车刀　　C. 车槽刀　　D. 切断刀

3. （　　）车刀可以用于车盲孔或台阶孔。
   A. 90°　　B. 盲孔　　C. 45°　　D. 通孔

4. 精车通孔时，要求切屑流向（　　），可以用正值刃倾角的内孔车刀。
   A. 过渡表面　　B. 已加工表面
   C. 待加工表面　　D. 车刀前面

5. 在精车铝合金时，一般使用（　　）冷却较好。
   A. 煤油　　B. 水　　C. 乳化油　　D. 机油

三、判断题（正确的打“√”，错误的打“×”）

1. 车孔精度等级一般可达 IT8 ~ IT7 级，但不能纠正原有孔的直线度。（　　）

2. 在用硬质合金车刀车孔时，一般不需要加注切削液。（　　）

3. 车直通孔时切削用量要比车外圆时适当增大。（　　）

4. 车盲孔时，其内孔车刀的刀尖必须与工件的旋转中心等高，否则不能将孔底车平。（　　）

四、简答题

1. 简述塞规的检测原理。

2. 增加内孔车刀的刚性主要采用哪些措施？

3. 简述车削盲孔时车刀的安装注意事项。

4. 简述车削内孔时如何控制切屑流向。

五、实训题

车削图 1—5—1 所示带通孔的轴。

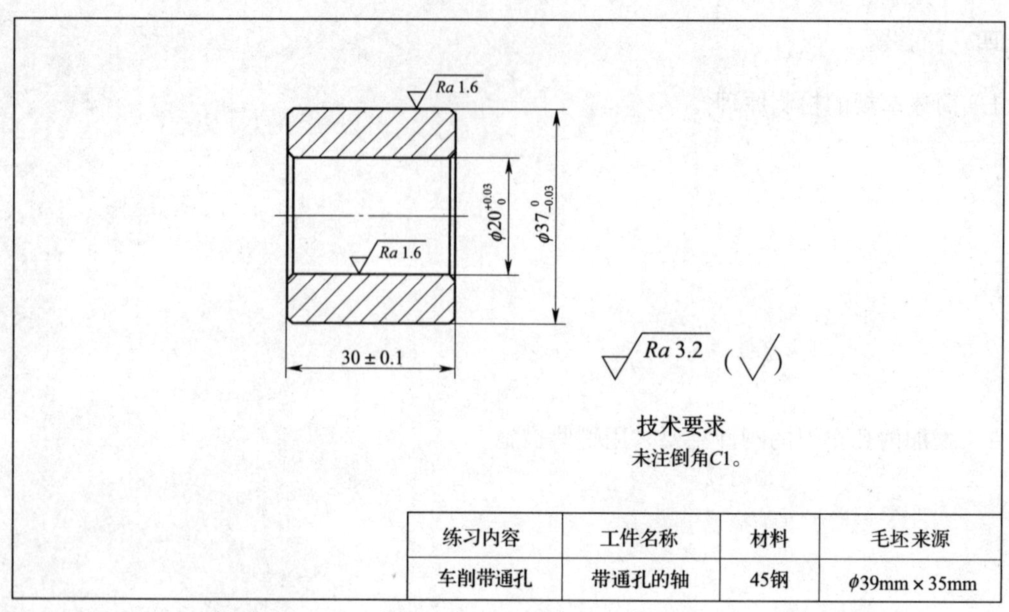

图 1—5—1　带通孔的轴零件图

1．确定加工工艺方案

正确选择加工刀具、切削用量，制定车削带通孔的轴的加工工艺，并填写在表 1—5—1 中。

表 1—5—1　　车削带通孔的轴的加工工艺过程

序号	工艺步骤	车刀类型	主轴转速 n（r/min）	进给量 f（mm/r）	背吃刀量 a_p（mm）

2. 加工精度检测与质量分析

（1）正确使用量具检测通孔，并填写零件加工精度检测评分表（表1—5—2）。

表1—5—2　　零件加工精度检测评分表

<table>
<tr><th rowspan="2">考核项目</th><th colspan="2">考核内容</th><th colspan="2">配分</th><th rowspan="2">评分标准</th><th rowspan="2">检测结果</th><th rowspan="2">得分</th></tr>
<tr><th>尺寸（mm）</th><th>表面粗糙度（μm）</th><th>尺寸</th><th>表面粗糙度</th></tr>
<tr><td rowspan="4">尺寸精度及表面粗糙度</td><td>$\phi 37_{-0.03}^{0}$</td><td>$Ra1.6$</td><td>15</td><td>5</td><td>尺寸超差0.01 mm扣5分
表面粗糙度超差不得分</td><td></td><td></td></tr>
<tr><td>$\phi 20_{0}^{+0.03}$</td><td>$Ra1.6$</td><td>30</td><td>10</td><td>尺寸超差0.01 mm扣5分
表面粗糙度超差不得分</td><td></td><td></td></tr>
<tr><td colspan="2">30 ±0.1</td><td colspan="2">14</td><td>尺寸超差0.01 mm扣5分
表面粗糙度超差不得分</td><td></td><td></td></tr>
<tr><td colspan="2">倒角 C1（共4处）</td><td colspan="2">10</td><td>每超差一处扣2.5分，扣完为止</td><td></td><td></td></tr>
<tr><td>工艺</td><td colspan="2">工艺制定合理</td><td colspan="2">10</td><td>酌情扣分</td><td></td><td></td></tr>
<tr><td rowspan="2">其他</td><td colspan="2">安全文明生产</td><td colspan="2">3</td><td>违反规定为不合格</td><td></td><td></td></tr>
<tr><td colspan="2">现场操作规范</td><td colspan="2">3</td><td>违反规定为不合格</td><td></td><td></td></tr>
<tr><td colspan="3">合计</td><td colspan="2">100</td><td></td><td></td><td></td></tr>
</table>

（2）在表1—5—3中记录问题现象、产生原因、预防和消除措施。

表1—5—3　　车削带通孔的轴的质量分析

问题现象	产生原因	预防和消除措施

课题六　车削模具导套

一、填空题（将正确答案填写在横线上）

1．套类工件的主要加工表面是内孔、外圆和端面。这些表面不仅有______和________________的要求，而且彼此间还有较高的________和________要求。

2．常用的心轴有______心轴和______心轴。

3．软卡爪是使用未经淬火的 45 钢，在车床上________，因而可确保工件的________。

4．在加工外圆直径很大、内孔直径较小、定位长度较短的工件时，多以________为基准来保证工件的位置精度。

二、选择题（将正确答案的代号填入括号内）

1．胀力心轴装卸（　　），定心精度高，故应用广泛。

A．不方便　　B．方便　　C．要求高　　D．随意

2．不带台阶的实体心轴又称为（　　）心轴。

A．小锥度　　B．圆柱　　C．高精度　　D．胀力

三、判断题（正确的打“√”，错误的打“×”）

1．胀力心轴依靠材料弹性变形所产生的胀力来胀紧工件。（　　）

2．长期使用的胀力心轴可用 45 钢制成。（　　）

四、简答题

1．简述车削套类工件时，在一次装夹中把工件全部或大部分表面车削完毕的优缺点。

2. 简述小锥度心轴的特点。

五、工艺分析题

1. 分析并写出如图 1—6—1 所示零件的车削工艺方案。

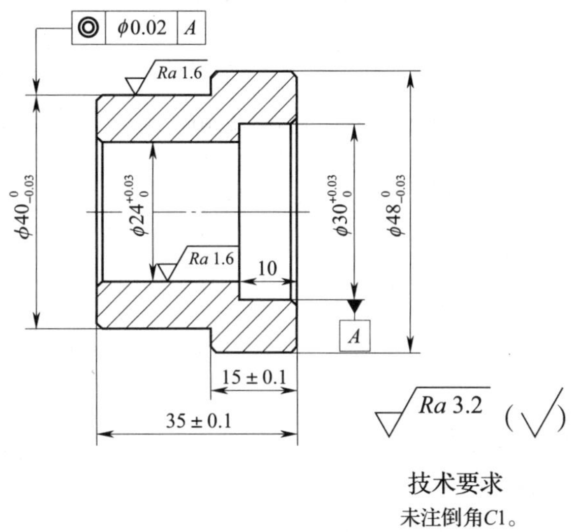

图 1—6—1　带孔台阶短轴

2. 分析并写出如图 1—6—2 所示零件的车削工艺方案。

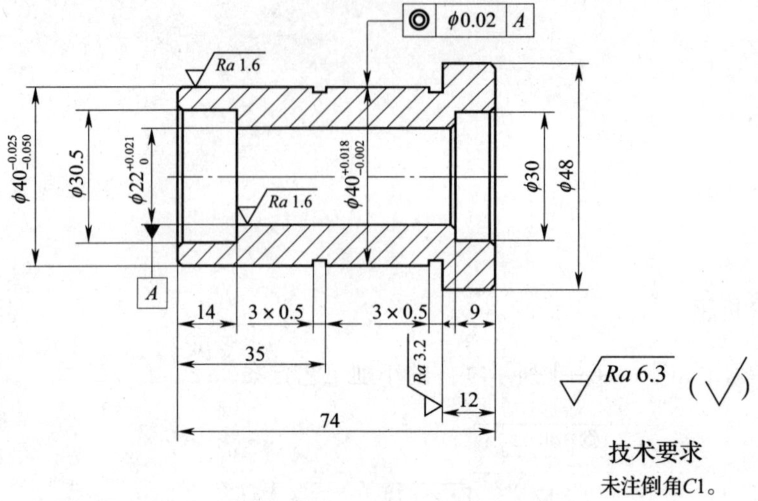

图 1—6—2　带孔台阶中长轴

六、实训题

车削如图 1—6—3 所示导向套。

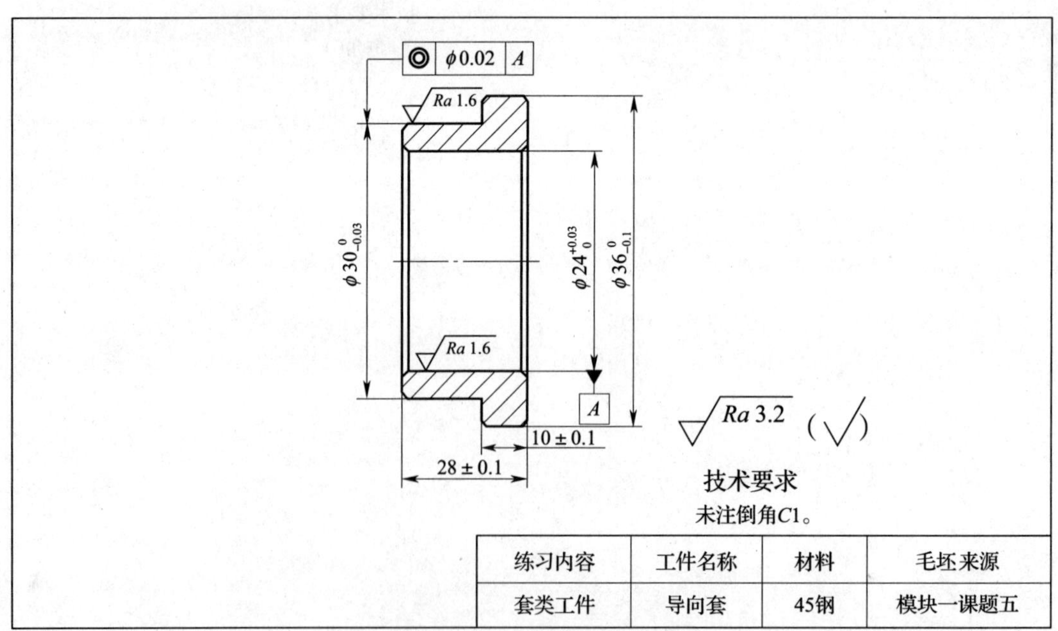

练习内容	工件名称	材料	毛坯来源
套类工件	导向套	45钢	模块一课题五

图 1—6—3　导向套零件图

1. 确定加工工艺方案

正确选择加工刀具、切削用量，制定车削导向套的加工工艺，并填写在表1—6—1中。

表1—6—1　　车削导向套的加工工艺过程

序号	工艺步骤	车刀类型	主轴转速 n (r/min)	进给量 f (mm/r)	背吃刀量 a_p (mm)

2. 加工精度检测与质量分析

（1）正确使用量具检测导向套，并填写零件加工精度检测评分表（表1—6—2）。

表1—6—2　　零件加工精度检测评分表

考核项目	考核内容		配分		评分标准	检测结果	得分
	尺寸 (mm)	表面粗糙度 (μm)	尺寸	表面粗糙度			
尺寸精度及表面粗糙度	$\phi 36_{-0.1}^{0}$	$Ra3.2$	12	3	超差不得分		
	$\phi 30_{-0.03}^{0}$	$Ra1.6$	12	3	尺寸超差0.01 mm扣5分 表面粗糙度超差不得分		
	$\phi 24_{0}^{+0.03}$	$Ra1.6$	12	3	尺寸超差0.01 mm扣5分 表面粗糙度超差不得分		

续表

考核项目	考核内容		配分		评分标准	检测结果	得分
	尺寸（mm）	表面粗糙度（μm）	尺寸	表面粗糙度			
尺寸精度及表面粗糙度	28 ±0.1		10		尺寸超差0.01 mm扣5分 表面粗糙度超差不得分		
	10 ±0.1		10		超差不得分		
	倒角 $C1$（共5处）		5		每超差一处扣1分，扣完为止		
几何精度	◎ | ϕ0.02 | A		14		位置精度超差为不合格		
工艺	工艺制定合理		10		酌情扣分		
其他	安全文明生产		3		违反规定为不合格		
	现场操作规范		3		违反规定为不合格		
合计			100				

（2）在表1—6—3中记录问题现象、产生原因、预防和消除措施。

表1—6—3　　车削导向套的质量分析

问题现象	产生原因	预防和消除措施

模块二　铣 削 加 工

课题一　铣床基础知识与基本操作

一、填空题（将正确答案填写在横线上）

1. 铣削是以__________为主运动，以______或______做进给运动的一种切削加工方法。

2. 铣削有较高的加工精度，其经济加工精度一般为__________级，表面粗糙度值为 *Ra* __________μm。

3. 铣削的主要特点是用旋转的____________进行切削加工，所以效率较高。

4. 常用典型铣床有______铣床、______铣床、____________铣床、____________铣床、加工中心、龙门铣床。

5. X5032 型立式铣床的主轴是一根前端带有锥度为______锥孔的空心轴，用来安装__________和______，并传递______和动力。

二、选择题（将正确答案的代号填入括号内）

1. 铣床内部的主轴变速箱、进给变速箱、主轴等传动部位多采用自动润滑，也称（　　）润滑。

A．强制循环　　B．滴油　　C．自然　　D．油壶

2. 停用、备用设备导轨面、滑动面及各部手轮手柄及其他暴露在外易生锈的各种部位应（　　）。

A．用抹布擦拭　　B．涂油覆盖

C．用水冲洗　　D．用白布覆盖

3. 必须在（　　）状态下，才允许进行装卸工件、刀具，变换转速和进给速度，测量工件，配置交换齿轮等操作。

A．主轴低速旋转　　B．移开尾座套筒

C．停车　　D．工作台自动进给

三、判断题（正确的打“√”，错误的打“×”）

1. 卧式铣床主轴轴线与工作台台面平行，立式铣床主轴轴线与工作台台面垂直。（　　）

2. X5032 型立式铣床不能完成卧式铣床的工作。（　　）

3. X5032 型立式铣床的工作台在水平面内不能扳转。（　　）

四、简答题

1．X5032 型立式铣床的主要部件有哪些？

2．铣床在操作之前应如何进行维护保养？

3．在铣床上加工完毕后应进行哪些安全操作？

五、实训题

1．完成普通铣床（如 X5032 型立式铣床）开机、关机、工作台的手动和自动进给、切削液开启和关闭的操作。

2．完成一次普通铣床（如 X5032 型立式铣床）的清洁和润滑保养。

课题二　铣床刀具及工件的装夹

一、填空题（将正确答案填写在横线上）

1. 常用的铣刀切削部分的材料有________________和________________两大类。

2. 铣刀大都不是________式，而是将硬质合金刀片以________或________的方法镶装于铣刀刀体上。

3. 铣刀是通过____安装在铣床主轴上的。铣刀的安装部位有____和____两种结构。

4. 立式铣床主轴垂直度的找正也称为立铣头“____”找正。找正的方法主要包括用____________________找正和用________找正。

5. 找正固定钳口面常用的方法有用____找正、用______找正和用______找正。

6. 机用平口钳装夹工件的方法包括加垫________装夹毛坯件、加垫__________装夹工件、加垫____________装夹工件。

二、选择题（将正确答案的代号填入括号内）

1. 主电动机输出的回转运动经主轴变速机构驱动主轴连同铣刀一起转动，实现（　　）运动。

A. 旋转　　B. 进给　　C. 辅助　　D. 主

2. 铣削时，横向溜板用来带动工作台实现（　　）运动。

A. 横向进给　　B. 纵向进给　　C. 自动往复　　D. 垂直

3. 通用铣床主要完成（　　）生产。

A. 大批量　　B. 单件、小批量

C. 专业化　　D. 中、小型工件的

4. 用平口钳装夹并铣削垂直面时，若初次铣出的平面与基准面之间夹角小于90°，则应将铜皮或纸片垫在（　　）。

A. 固定钳口的下部　　B. 固定钳口的中部

C. 固定钳口的上部　　D. 平口钳底面靠活动钳口后部的一端

5. 对铣刀切削部分材料的基本要求是高硬度、高耐磨性、足够的强度和韧性、高的热硬性和（　　）。

A. 良好的工艺性　　B. 高的耐腐蚀性

C. 高导热性　　D. 高导电性

三、判断题（正确的打“√”，错误的打“×”）

1. 铣刀的半径应与被铣削的型腔或型孔半径相吻合，铣刀半径可以略大于型腔圆角半径，不会产生过切现象。（　　）

2. 在铣床上加工中、小型工件时，一般多采用压板装夹。（　　）

3. 用平口钳装夹工件，既可以进行圆周铣，也可以进行端铣，但仅适用于中、小型工

件的铣削。 ( )

4. 在卧式铣床上用圆柱形铣刀铣削，若铣床工作台“零位”不准，则铣出的平面是一个斜面。 ( )

5. 调转平口钳钳体角度装夹工件铣斜面时，应先找正固定钳口与卧式铣床主轴轴线垂直或平行。 ( )

6. 因为硬质合金其韧性及承受冲击和振动能力差，所以刀尖材料为硬质合金的铣刀主要用于低速铣削。 ( )

四、简答题

1. 简述用直角尺找正平口钳固定钳口的方法。

2. 简述套式立铣刀和套式端铣刀的安装操作步骤。

五、实训题

1. 在铣床上正确安装铣刀（具体铣刀由实习指导老师提供）。
2. 正确选择夹具，并在铣床上装夹毛坯（具体毛坯件由实习指导老师提供）。

课题三　铣 削 平 面

一、填空题（将正确答案填写在横线上）

1. 铣削用量的要素包括____________、________、____________、____________。

2. 铣削时，根据________________、____________________和______________等因素确定铣削速度。

3. 铣削时，铣刀在____方向上相对工件的____________称为进给量。根据具体情况的需要，进给量有__________、____________、____________三种表述和度量方法。它们之间的关系是__________________。

4. 直角尺用来检测工件相邻表面的__________，刀口形直尺用来检测工件平面的__________和__________，它们都是用______法进行检测。

5. 平面质量的好坏主要从平面的__________和表面的________________两个方面来衡量，分别用__________和________________两项来考核。

6. 平面的铣削方法有__________和______两种。

7. 根据铣刀的______方向和__________方向之间的关系划分，铣削有______和______两种方式。

8. 端铣时，根据铣刀与工件之间的相对位置不同，可分为__________和________两种。

9. 连接面包括__________面、______面和______面，它们都是相对于某一个已经确定的平面而言的，这个已确定的平面称为__________。

10. 连接面的加工，除了需保证该平面的__________和________________要求外，还需保证该平面相对于基准面的____________，以及与基准面之间的____________要求。

二、选择题（将正确答案的代号填入括号内）

1. 用圆柱形铣刀铣削平面，其平面度误差的大小主要取决于（　　）。
   A. 铣刀的圆柱度误差　　B. 铣刀刀齿的锋利程度
   C. 铣削用量的选择　　D. 铣刀螺旋角的大小

2. 用端铣刀铣削平面，影响平面度误差的因素主要是（　　）。
   A. 铣刀的磨损　　B. 铣刀刀齿的参差不齐
   C. 铣削用量的选择　　D. 铣床主轴轴线与进给方向不垂直

3. 在卧式铣床上铣削不易夹紧的细长而薄的工件时，应选择（　　）。
   A. 对称端铣　　B. 顺铣　　C. 逆铣　　D. 非对称逆铣

4. 端铣时，一般采取（　　）方式。
   A. 对称顺铣　　B. 对称逆铣
   C. 非对称逆铣　　D. 非对称顺铣

5. 在立式铣床上，可用（　　）的方法铣削较小工件的垂直面。
   A. 顺铣　　B. 逆铣　　C. 周铣　　D. 端铣

6. 保证连接面加工精度的关键是对工件（　　）。

A. 正确定位和装夹　　B. 精密铣削

C. 准确测量　　D. 正确选择铣削用量

7. 表面粗糙度的检验一般采用（　　）与加工表面进行比较的方法。

A. 找正块　　B. 表面粗糙度比较样块

C. 研磨平板　　D. 刀口形直尺

8.（　　）铣斜面是常用的铣削斜面方法。

A. 非对称逆　B. 顺　C. 圆周　D. 倾斜工件

三、判断题（正确的打"√"，错误的打"×"）

1. 因为顺铣的铣削力对工件能起压紧作用，铣刀磨损慢，加工面的表面质量较高，且消耗在进给运动方面的功率也较小，所以圆周铣时一般都选择顺铣方式。（　）

2. 用倾斜垫铁装夹工件铣斜面，垫铁的倾斜角度应与斜面的倾斜角度相同，且垫铁的宽度应大于工件的宽度。（　）

3. 基准面与工作台台面垂直装夹工件，用端铣刀铣削斜面时，立铣头扳转的角度应等于斜面倾斜角度，即 $\alpha=\beta$。（　）

四、简答题

1. 端铣平面获得的平面度超差的原因有哪些？应该采取什么措施消除超差？

2. 简述用涂色法检验工件的平面度时如何评价检验结果。

3．倾斜工件铣削斜面有哪些方法？它们各自的适用范围是什么？

五、计算题

1．在 X6132 型卧式铣床上，用直径 ϕ63 mm 的圆柱形铣刀，以 25 m/min 的铣削速度进行铣削。铣床主轴转速应至少达到多少？

2．用一把直径为 20 mm、齿数为 3 的立铣刀，在 X5032 型立式铣床上铣削，采用每齿进给量 f_z 为 0.04 mm/齿，铣削速度 v_c 为 20 m/min。计算铣床的转速和进给速度。

3. 在 X6132 型卧式铣床上，用直径为 80 mm、齿数为 8 的圆柱形铣刀铣削平面，铣削速度 v_c为 25 m/min，每齿进给量 f_z为 0.05 mm/齿。计算铣床的转速和进给速度。

4. 用一把直径为 25 mm、齿数为 3 的立铣刀，在 X5032 型立式铣床上铣削，采用每齿进给量 f_z为 0.04 mm/齿，铣削速度 v_c为 24 m/min。计算铣床的转速和进给速度。

六、实训题

铣削图 2—3—1 所示平行垫铁。

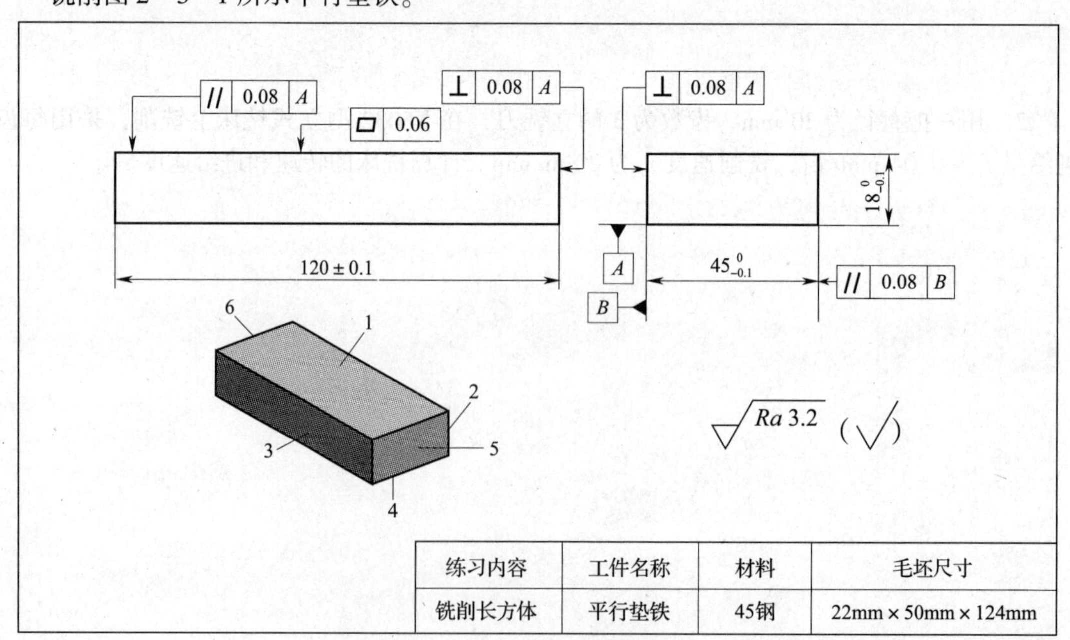

练习内容	工件名称	材料	毛坯尺寸
铣削长方体	平行垫铁	45钢	22mm × 50mm × 124mm

图 2—3—1　平行垫铁零件图

1. 确定加工工艺方案

正确选择加工刀具、切削用量，制定铣削平行垫铁外形的加工工艺，并填写在表2—3—1中。

表2—3—1　铣削平行垫铁外形的加工工艺过程

序号	工艺步骤	铣刀类型	主轴转速 n (r/min)	进给速度 v_f (mm/min)	背吃刀量 a_p (mm)

2. 加工精度检测与质量分析

（1）正确使用量具检测平行垫铁，并填写零件加工精度检测评分表（表2—3—2）。

表2—3—2　零件加工精度检测评分表

考核项目	考核内容		配分		评分标准	检测结果	得分
	尺寸(mm)	表面粗糙度(μm)	尺寸	表面粗糙度			
尺寸精度及表面粗糙度	$18_{-0.1}^{\ 0}$	$Ra3.2$（2处）	8	4	尺寸每超差0.05 mm扣4分，扣完为止 表面粗糙度超差不得分		
	$45_{-0.1}^{\ 0}$	$Ra3.2$（2处）	8	4	尺寸每超差0.05 mm扣4分，扣完为止 表面粗糙度超差不得分		
	120 ± 0.1	$Ra3.2$（2处）	6	4	尺寸超差不得分 表面粗糙度超差不得分		

续表

考核项目	考核内容		配分		评分标准	检测结果	得分
	尺寸（mm）	表面粗糙度（μm）	尺寸	表面粗糙度			
几何精度	// 0.08 A		10		超差不得分		
	⊥ 0.08 A（2 处）		20		每超差一处扣 10 分，扣完为止		
	// 0.08 B		10		超差不得分		
	□ 0.06		10		超差不得分		
工艺	工艺制定合理		10		每处错误扣 1 分		
其他	安全文明生产		3		违反规定为不合格		
	现场操作规范		3		违反规定为不合格		
合计			100				

（2）在表 2—3—3 中记录问题现象、产生原因、预防和消除措施。

表 2—3—3　　铣削平行垫铁的质量分析

问题现象	产生原因	预防和消除措施

课题四 铣削台阶

一、填空题（将正确答案填写在横线上）

1. 立铣刀铣削台阶时，应比用三面刃铣刀铣削时选用的铣削用量__________。否则，容易产生“________”，甚至造成铣刀折断。

2. 在条件许可的情形下，应选用直径较____的________铣刀铣台阶，以提高铣削效率。

3. 铣削台阶所用端铣刀的直径应______于台阶的宽度，一般可按____________________选取。

二、选择题（将正确答案的代号填入括号内）

1. 宽度较宽而深度较浅的台阶，常使用（　　）上加工。

A. 立铣刀在卧式铣床　　B. 端铣刀在立式铣床

C. 端铣刀在卧式铣床　　D. 立铣刀在立式铣床

2. 深度较深的台阶或多级台阶可用（　　）上加工。

A. 立铣刀在卧式铣床　　B. 端铣刀在立式铣床

C. 端铣刀在卧式铣床　　D. 立铣刀在立式铣床

三、判断题（正确的打“√”，错误的打“×”）

1. 台阶的宽度和深度一般可用游标卡尺、游标深度尺检测。（　　）

2. 当双面台阶的台阶深度较深时，可用千分尺检测其凸台宽度；当双面台阶的台阶深度较浅而不便使用千分尺检测时，可用量块检测其凸台宽度。（　　）

四、简答题

1. 铣削台阶时，影响表面粗糙度的因素有哪些？

2．立铣头、工作台的“零位”不准，对铣出的台阶的尺寸、形状和位置精度有什么影响？

五、实训题

铣削图 2—4—1 所示凸模的台阶。凸模外形已经铣削完成。

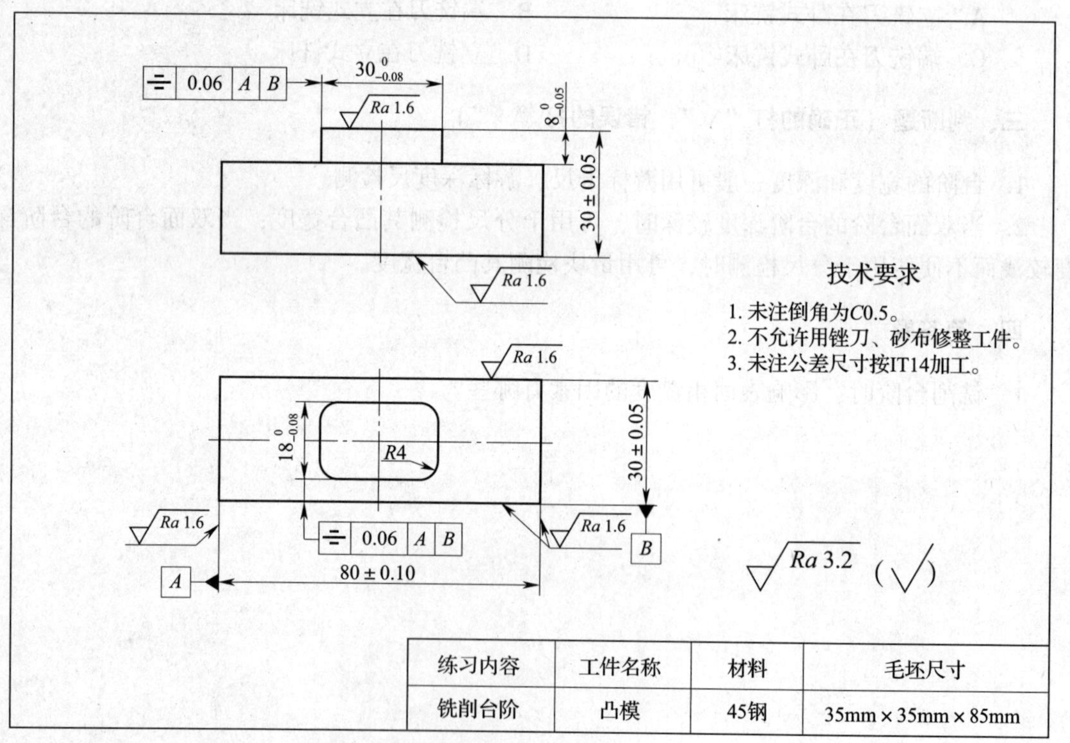

练习内容	工件名称	材料	毛坯尺寸
铣削台阶	凸模	45钢	35mm × 35mm × 85mm

图 2—4—1　凸模零件图

1．确定加工工艺方案

正确选择加工刀具、切削用量，制定铣削凸模台阶的加工工艺，并填写在表 2—4—1 中。

表 2—4—1　　　　铣削凸模台阶加工工艺过程

序号	工艺步骤	铣刀类型	主轴转速 n（r/min）	进给速度 v_f（mm/min）	背吃刀量 a_p（mm）

2. 加工精度检测与质量分析

（1）正确使用量具检测凸模台阶，并填写零件加工精度检测评分表（表 2—4—2）。

表 2—4—2　　　　零件加工精度检测评分表

考核项目	考核内容		配分		评分标准	检测结果	得分
	尺寸（mm）	表面粗糙度（μm）	尺寸	表面粗糙度			
尺寸精度及表面粗糙度	30 ±0.05	Ra1.6（2 处）	7	4	尺寸每超差 0.02 mm 扣 3 分，扣完为止 表面粗糙度每超差一处扣 2 分，扣完为止		
	30 ±0.05	Ra1.6（2 处）	7	4	尺寸每超差 0.02 mm 扣 3 分，扣完为止 表面粗糙度每超差一处扣 2 分，扣完为止		
	80 ±0.10	Ra1.6（2 处）	4	4	尺寸每超差 0.05 mm 扣 2 分，扣完为止 表面粗糙度每超差一处扣 2 分，扣完为止		
	$30_{-0.08}^{0}$		6		超差不得分		
	$8_{-0.05}^{0}$		6		超差不得分		

续表

考核项目	考核内容 尺寸（mm）	考核内容 表面粗糙度（μm）	配分 尺寸	配分 表面粗糙度	评分标准	检测结果	得分
尺寸精度及表面粗糙度	$18_{-0.08}^{0}$		6		超差不得分		
	$R4$（4处）		8		每超差一处扣2分，扣完为止		
	倒角 $C0.5$		3		每超差一处扣1分，扣完为止		
	$Ra3.2$（9处）		9		每超差一处扣1分，扣完为止		
几何精度	⌯ 0.06 | A | B（2处）		16		每超差一处扣8分，扣完为止		
工艺	工艺制定合理		10		每处错误扣1分		
其他	安全文明生产		3		违反规定为不合格		
	现场操作规范		3		违反规定为不合格		
合计			100				

（2）在表2—4—3中记录问题现象、产生原因、预防和消除措施。

表2—4—3 **铣削凸模台阶的质量分析**

问题现象	产生原因	预防和消除措施

课题五　铣削直角沟槽

一、填空题（将正确答案填写在横线上）

1. 直角沟槽有______、__________和__________三种形式。

2. 直角沟槽的槽宽大于 25 mm 时，采用__________铣削。

3. 由于立铣刀的端面刀刃不通过________，因此用立铣刀铣削穿通的封闭式直角沟槽时应在封闭槽的一端预钻一个直径略______于立铣刀直径的__________。

4. 精度较高、深度较浅的半通槽和不穿通的封闭槽，一般可用精度较______（直径标准公差等级为______）的键槽铣刀铣削。

二、选择题（将正确答案的代号填入括号内）

1. 铣削对称度要求高的直角沟槽时，铣刀对中心一般应采用（　　）。

A. 按工件划线调整对中心　　B. 按切痕调整对中心

C. 按侧面调整对中心　　D. 用百分表调整对中心

2. 用直径为 ϕ12 mm 的盘形槽铣刀在一个宽度为 40 mm 的长方体零件上铣削直角沟槽，采用擦侧面调整对中心，贴纸厚度为 0.12 mm。当铣刀擦纸后，降下工作台并退出工件。然后，应将工作台横向移动（　　）mm。

A. 46.12　　B. 32.12　　C. 26.12　　D. 26.06

三、判断题（正确的打“√”，错误的打“×”）

1. 在窄长工件上铣削垂直于工件长度方向的直通槽时，平口虎钳的固定钳口面应与铣床主轴轴线垂直。（　　）

2. 键槽铣刀的端面刀刃不能在垂直进给时切削工件，因此用键槽铣刀铣削封闭槽时也需要预钻落刀孔。（　　）

四、简答题

1. 用立铣刀或键槽铣刀铣削直角沟槽时，影响沟槽尺寸精度的因素有哪些？

2. 铣削直角沟槽时，常用的对刀方法有哪几种？

五、实训题

铣削图 2—5—1 所示凹模的凹槽。

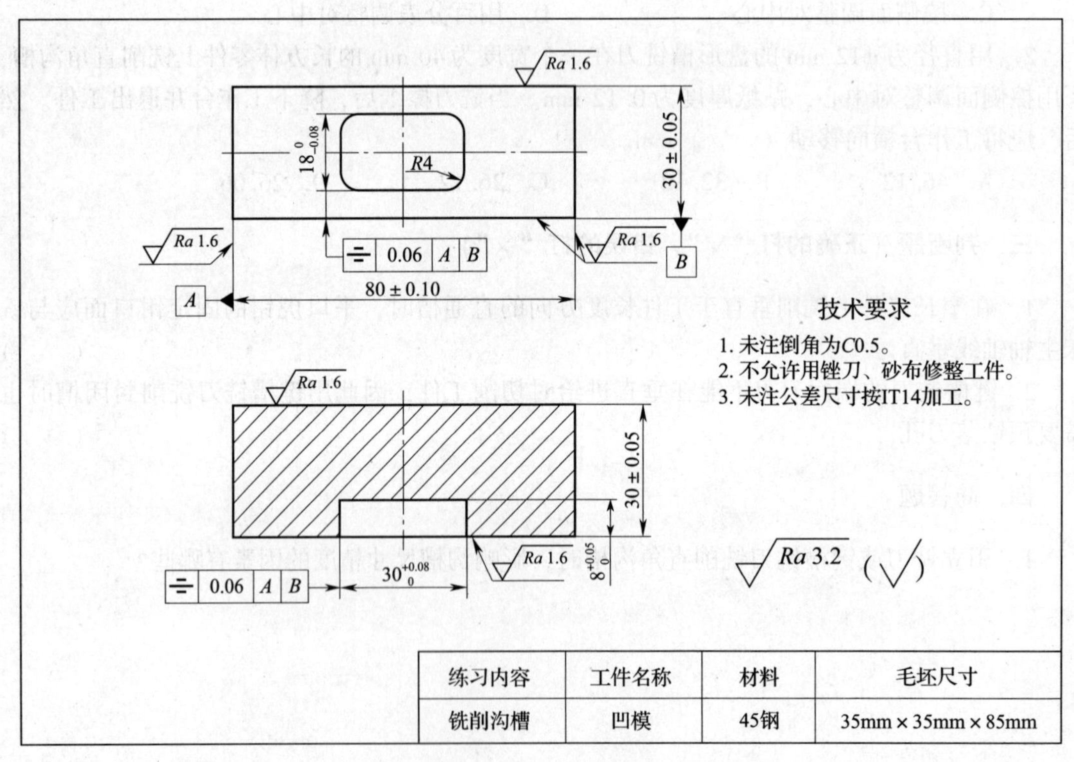

练习内容	工件名称	材料	毛坯尺寸
铣削沟槽	凹模	45钢	35mm × 35mm × 85mm

图 2—5—1　凹模零件图

1. 确定加工工艺方案

正确选择加工刀具、切削用量，制定铣削凹模凹槽的加工工艺，并填写在表 2—5—1 中。

表 2—5—1 **铣削凹模凹槽的加工工艺过程**

序号	工艺步骤	铣刀类型	主轴转速 n (r/min)	进给速度 v_f (mm/min)	背吃刀量 a_p (mm)

2．加工精度检测与质量分析

（1）正确使用量具检测凹模凹槽，并填写零件加工精度检测评分表（表 2—5—2）。

表 2—5—2 **零件加工精度检测评分表**

考核项目	考核内容		配分		评分标准	检测结果	得分
	尺寸（mm）	表面粗糙度（μm）	尺寸	表面粗糙度			
尺寸精度及表面粗糙度	30 ±0.05	*Ra*1.6（2 处）	10	4	尺寸每超差 0.02 mm 扣 5 分，扣完为止 表面粗糙度每超差一处扣 2 分，扣完为止		
	30 ±0.05	*Ra*1.6（2 处）	10	4	尺寸每超差 0.02 mm 扣 5 分，扣完为止 表面粗糙度每超差一处扣 2 分，扣完为止		
	80 ±0.10	*Ra*1.6（2 处）	8	4	尺寸每超差 0.02 mm 扣 5 分，扣完为止 表面粗糙度每超差一处扣 2 分，扣完为止		

续表

考核项目	考核内容 尺寸（mm）	考核内容 表面粗糙度（μm）	配分 尺寸	配分 表面粗糙度	评分标准	检测结果	得分
尺寸精度及表面粗糙度	$30^{+0.08}_{0}$		4		超差不得分		
	$8^{+0.05}_{0}$		4		超差不得分		
	$18^{+0.08}_{0}$		4		超差不得分		
	*R*4（4处）		8		每超差一处扣2分，扣完为止		
	倒角 *C*0.5		3		每超差一处扣1分，扣完为止		
	*Ra*3.2（5处）		5		每超差一处扣1分，扣完为止		
几何精度	⌯ 0.06 A B（2处）		16		每超差一处扣8分，扣完为止		
工艺	工艺制定合理		10		每处错误扣1分		
其他	安全文明生产		3		违反规定为不合格		
	现场操作规范		3		违反规定为不合格		
合计			100				

（2）在表2—5—3中记录问题现象、产生原因、预防和消除措施。

表2—5—3　　铣削凹模凹槽的质量分析

问题现象	产生原因	预防和消除措施

课题六　铣削冲裁模凸凹模

一、工艺分析题

1．分析并写出如图 2—6—1 所示盖板凹模的铣削工艺方案。

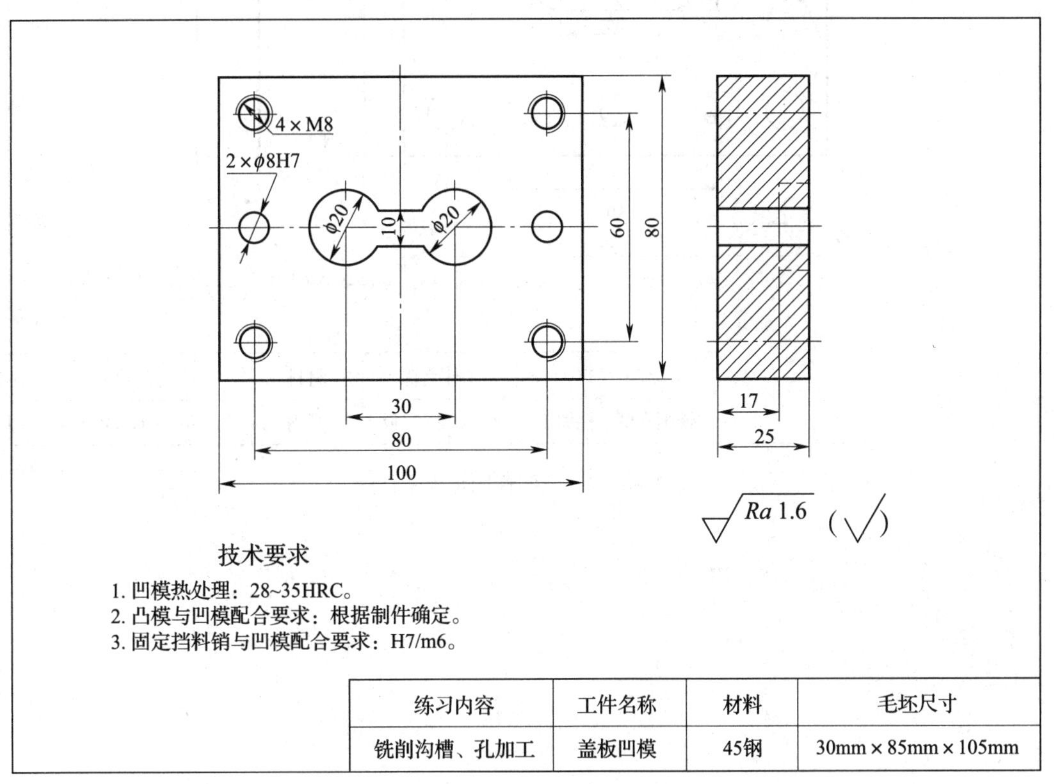

技术要求

1. 凹模热处理：28~35HRC。
2. 凸模与凹模配合要求：根据制件确定。
3. 固定挡料销与凹模配合要求：H7/m6。

练习内容	工件名称	材料	毛坯尺寸
铣削沟槽、孔加工	盖板凹模	45钢	30mm×85mm×105mm

图 2—6—1　盖板凹模零件图

2. 分析并写出如图 2—6—2 所示凸凹模固定板的铣削工艺方案。

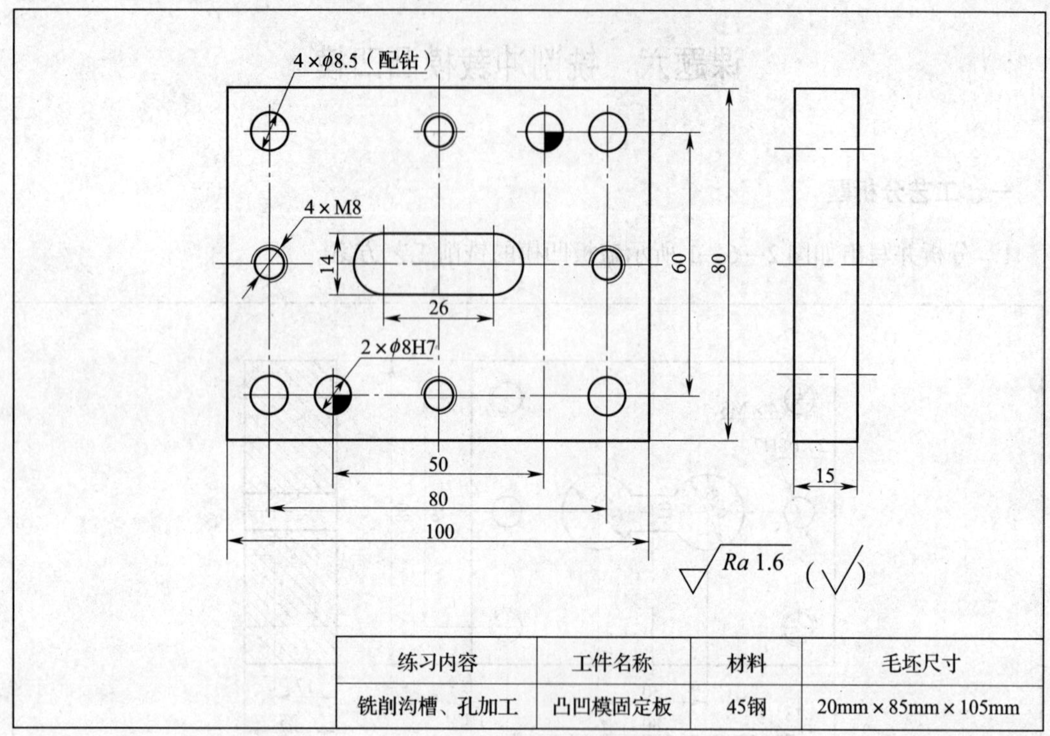

练习内容	工件名称	材料	毛坯尺寸
铣削沟槽、孔加工	凸凹模固定板	45钢	20mm×85mm×105mm

图 2—6—2　凸凹模固定板零件图

二、实训题

铣削图 2—6—3 所示链板凹模。

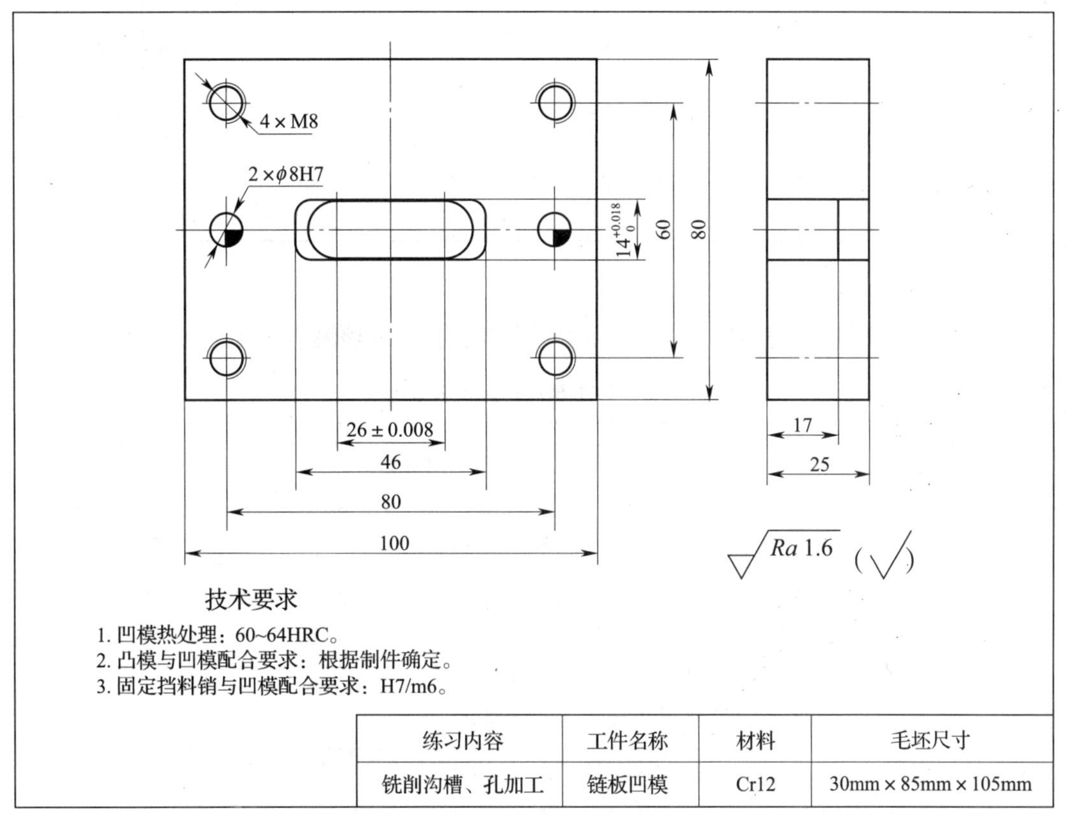

练习内容	工件名称	材料	毛坯尺寸
铣削沟槽、孔加工	链板凹模	Cr12	30mm×85mm×105mm

图 2—6—3　链板凹模零件图

1. 确定加工工艺方案

正确选择加工刀具、切削用量，制定铣削链板凹模的加工工艺，并填写在表 2—6—1 中。

表 2—6—1　　**铣削链板凹模的加工工艺过程**

序号	工艺步骤	铣刀类型	主轴转速 n (r/min)	进给速度 v_f (mm/min)	背吃刀量 a_p (mm)

续表

序号	工艺步骤	铣刀类型	主轴转速 n (r/min)	进给速度 v_f (mm/min)	背吃刀量 a_p (mm)

2. 加工精度检测与质量分析

(1) 正确使用量具检测链板凹模，并填写零件加工精度检测表（表2—6—2）。

表2—6—2　　零件加工精度检测评分表

考核项目	考核内容	配分	评分标准	检测结果	得分
尺寸精度（mm）	17	7	超差不得分		
	46	7	超差不得分		
	60	7	超差不得分		
	80	7	超差不得分		
	26 ±0.008	12	超差不得分		
	$14^{+0.018}_{0}$	12	超差不得分		
	4×M8	12	每超差一处扣3分，扣完为止		
	2×ϕ8H7	8	每超差一处扣4分，扣完为止		
表面粗糙度（μm）	Ra1.6	12	每超差一处扣2分，扣完为止		
工艺	工艺制定合理	10	每处错误扣1分		
其他	安全文明生产	3	违反规定为不合格		
	现场操作规范	3	违反规定为不合格		
合计		100			

(2) 填写质量分析表

在表2—6—3记录问题现象、产生原因、预防和消除措施。

表 2—6—3　　铣削链板凹模的质量分析

问题现象	产生原因	预防和消除措施

模块三　磨 削 加 工

课题一　磨床基础知识与基本操作

一、填空题（将正确答案填写在横线上）

1. 磨削加工是以______________为主运动，以______________和________（或磨头的移动）为进给运动，互相配合，切去工件上多余金属层的一种加工方法。

2. 万能外圆磨床主要由______、________、______、______、________和______等部分组成。

3. 磨削主要用于磨削________、平面、______及刃磨刀具。

4. 按进给方向的不同分，平面磨削有______法和______法。

5. 润滑剂要______、______，不得混入杂质和水分，以免______油路，引起锈蚀。

6. 平面磨床按照砂轮主轴的形式，可以分为______式、______式；按照工作台形式，又有______、______之分。

7. 磨床上使用的润滑剂有______与______两种。

二、选择题（将正确答案的代号填入括号内）

1. 砂轮具有一定的（　　）。

A. 自锐性　　B. 红硬性　　C. 韧性　　D. 经济性

2. 内圆磨床包括普通内圆磨床、无心内圆磨床及（　　）内圆磨床。

A. 恒星　　B. 行星　　C. 卫星　　D. 自转

3. 立轴圆台平面磨床由于采用（　　）磨削，砂轮与工件的接触面积大。

A. 外圆　　B. 内圆　　C. 端面　　D. 垂直面

三、判断题（正确的打“√”，错误的打“×”）

1. 外圆磨削是以砂轮旋转做主运动，工件旋转、移动（或砂轮径向移动）做进给运动，对工件的外回转面进行的磨削加工。（　　）

2. 普通内圆磨床由床身、工作台、工件头架、砂轮架、滑座等部件组成。（　　）

3. 卧轴式矩台平面磨床的工作台沿床身导轨做横向往复运动。（　　）

4. 夏季应采用黏度较小的润滑油，冬季应采用黏度较大的润滑油。（　　）

四、简答题

1. 简述砂轮的自锐性含义。

2. 简述 M7120A 型平面磨床的结构及特点。

3. 简述磨床润滑的“五定”的含义。

五、实训题

1. 完成普通磨床（如 M7120A 型平面磨床）开机、关机、工作台的手动和自动进给、切削液开启和关闭的操作。

2. 完成一次普通磨床（如 M7120A 型平面磨床）的清洁和润滑保养。

课题二　磨削平面

一、填空题（将正确答案填写在横线上）

1. 在平面磨床上磨削平面，尺寸精度一般可达____________级，表面粗糙度值为 *Ra*____________μm。

2. 圆周磨削时，工件与砂轮的接触面积____，发热____，排屑与冷却情况____，因此加工精度____，但生产效率____，在_______________生产中应用较广。

3. 磨料在砂轮中担负____工作，因此磨料应具备很高的____，一定的强度、韧性以及一定的__________、热稳定性。

4. 粗磨时，以获得____________为主要目的，可选______粒度的磨粒；精磨时，以获得________________为主要目的，可选________________磨粒。

5. 砂轮磨损后，会使工件的磨削表面________，________恶化，加工精度________，外形________，还会引起振动和产生噪声，此时必须及时______砂轮。

6. 精密角铁具有两个互相垂直的工作平面，它的垂直度为________mm，可达到较高的________。

7. _______________是最常用的磨削方法，适用于磨削________的平面，也适于相同小件按序排列做集合磨削。

二、选择题（将正确答案的代号填入括号内）

1. 砂轮硬度是指结合剂黏结磨粒的（　　），也表示在磨削力作用下磨粒从砂轮表面脱落的难易程度。

A. 坚硬程度　　B. 牢固程度　　C. 耐磨程度　　D. 耐热程度

2. 按照磨粒在砂轮中占有的体积百分数，砂轮组织可分为（　　）组织号。

A. 0 ~ 4　　B. 5 ~ 8　　C. 9 ~ 14　　D. 0 ~ 14

3. 外圆磨削、内圆磨削、平面磨削、无心磨削及刀具刃磨都采用（　　）组织的砂轮。

A. 低等　　B. 中等　　C. 高等　　D. 紧密

4. 精密平口钳固定钳口的侧面与底面的垂直度精度高，可达（　　）mm。

A. 0.003　　B. 0.004　　C. 0.005　　D. 0.006

三、判断题（正确的打“√”，错误的打“×”）

1. 如果砂轮太软，磨粒钝化后仍不脱落，磨削效率低，工件表面粗糙并可能烧伤。（　　）

2. 砂轮组织号小，组织松，砂轮不易堵塞。（　　）

3. 砂轮的不平衡是指砂轮的重心与旋转中心不重合，是由不平衡质量偏离旋转中心所致。（　　）

4. 一般新安装的砂轮必须进行三次静平衡。（　　）

5. 平面磨削时，电磁吸盘没有平口钳的使用范围广。（　）

6. 工作结束后，应将吸盘台面擦净。（　）

7. 用专用百分表座找正垂直面，由于加工精度较高，找正时要防止百分表移动。（　）

四、简答题

1. 简述端面磨削的特点及应用。

2. 简述结合剂对砂轮的影响与作用。

3. 砂轮钝化的原因有哪些？

4. 平面磨削常用附件有哪些？

五、实训题

磨削图 3—2—1 所示凹模的外形。

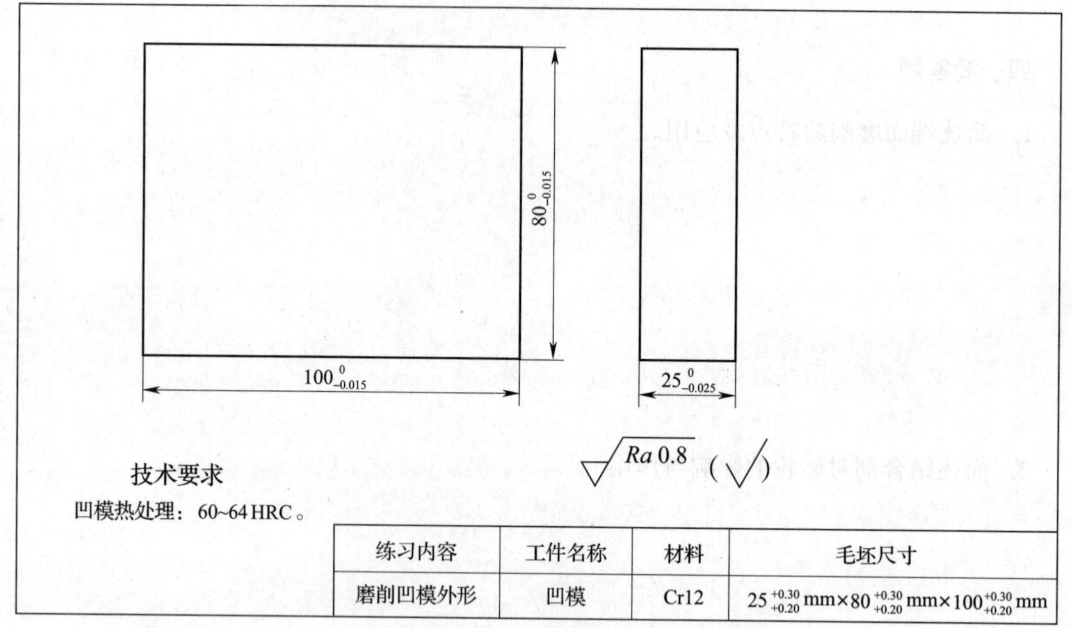

练习内容	工件名称	材料	毛坯尺寸
磨削凹模外形	凹模	Cr12	$25_{+0.20}^{+0.30}$ mm×$80_{+0.20}^{+0.30}$ mm×$100_{+0.20}^{+0.30}$ mm

图 3—2—1　凹模外形零件图

1．确定加工工艺方案

正确选择加工刀具、切削用量，制定磨削凹模外形的加工工艺，并填写在表 3—2—1 中。

表 3—2—1　　**磨削凹模外形的加工工艺过程**

序号	工艺步骤	磨刀类型	主轴转速 n (r/min)	进给速度 v_f (mm/min)	背吃刀量 a_p (mm)

续表

序号	工艺步骤	磨刀类型	主轴转速 n (r/min)	进给速度 v_f (mm/min)	背吃刀量 a_p (mm)

2. 加工精度检测与质量分析

(1) 正确使用量具检测凹模外形，并填写零件加工精度检测评分表（表3—2—2）。

表3—2—2　　零件加工精度检测评分表

考核项目	考核内容	配分	评分标准	检测结果	得分
尺寸精度 (mm)	$25_{-0.025}^{0}$	22	超差不得分		
	$80_{-0.015}^{0}$	22	超差不得分		
	$100_{-0.015}^{0}$	22	超差不得分		
表面粗糙度（μm）	$Ra0.8$	18	每超差一处扣3分，扣完为止		
工艺	工艺制定合理	10	每处错误扣1分		
其他	安全文明生产	3	违反规定为不合格		
	现场操作规范	3	违反规定为不合格		
合计		100			

(2) 在表3—2—3中记录问题现象、产生原因、预防和消除措施。

表3—2—3　　磨削凹模外形的质量分析

问题现象	产生原因	预防和消除措施

模块四　数控车削加工

课题一　数控车床基础知识与基本操作

一、填空题（将正确答案填写在横线上）

1. NC的中文含义是__________，CNC的中文含义是______________________________。

2. 数控车床主要由________和________两大部分组成。前者由________、________、滑板、刀架、________等组成；后者由程序的________装置、________装置、__________装置三部分组成。

3. 数控装置主要由________、____________和________组成。

4. 在右手定则的笛卡尔坐标系中，大拇指的方向为____轴的正方向，食指指向____轴的正方向，中指指向______轴的正方向。

5. X坐标轴一般是________的，与工件安装面平行，且________于Z坐标轴。

6. 数控机床中的标准坐标系采用____________________，并规定______刀具与工件之间距离的方向为坐标正方向。

7. 数控机床标准直角坐标系中，都是假定______不动，______相对______的工件而运动，且规定Z轴的正方向为______工件的运动方向。

8. 数控编程的主要内容有分析________、确定____________、数值计算、编写____________、制作控制介质、________程序及首件______。

9. G功能分为____态与____态两类。

10. 数控编程常用指令代码分为________功能、________功能、________功能。

11. 一个数控加工程序由遵循一定结构、语法和格式规则的若干个__________组成。

12. 自动编程根据编程信息的输入与计算机对信息的处理方式不同，分为以__________为基础的自动编程方法和以________________为基础的自动编程方法。

13. 从零件图开始，到获得数控机床所需控制介质的全过程称为程序编制，程序编制的方法有____________和____________两种。

14. 数控加工程序是数控机床自动加工零件的__________。

15. 将程序载体上的数控代码变成相应电脉冲信号的装置称为____________。

16. 刀具位置补偿包括________________和________________。

17. 编程指令“T0202”表示____。

二、选择题（将正确答案的代号填入括号内）

1. 数控车床的核心部分是（　　）。

A. 输入装置　B. CNC 装置　C. 伺服装置　D. 机电接口电路

2. 机床坐标系的（　）应由机床制造厂规定。

A. 原点位置　B. 坐标轴方向　C. 角度　D. 种类

3. 数控车床的机床坐标系中，Z 坐标的运动由（　）所决定。

A. 丝杠　B. 伺服电动机　C. 主轴　D. 数控系统

4. 数控加工中，对刀和加工的基准点是（　）。

A. 刀位点　B. 车削起点　C. 车削终点　D. 暂停点

5. （　）可以用来补偿假定刀具长度与基准刀具长度之差。

A. 刀位点　B. 刀具偏移　C. 刀具补偿　D. 让刀

6. 按机床急停按钮后，通常该按钮通过（　）来解锁。

A. 再次按下　B. 向外拔出　C. 旋转按钮　D. 关机重启

7. 下列开关中，用于机床紧急停止的开关是（　）。

A. EMG－STOP　B. RESET　C. DRY　D. SBK

8. 数控机床的标准坐标系是以（　）坐标系来确定的。

A. 右手直角笛卡尔　B. 绝对

C. 相对　D. 机床

9. 数控机床每次接通电源后在运行前首先应做的是（　）。

A. 给机床各部分加润滑油　B. 检查刀具安装是否正确

C. 机床各坐标轴回参考点　D. 工件是否安装正确

10. 下列属于国产数控系统的是（　）。

A. SIEMENS 840D　B. FANUC 18i－MA

C. HNC－21M　D. 都不是

11. 数控车床开机时，一般要进行回参考点操作，其目的是要（　）。

A. 换刀，准备开始加工　B. 建立机床坐标系

C. 建立局部坐标系　D. 上述选项均正确

12. MDI 方式是指（　）。

A. 自动加工方式　B. 手动输入方式

C. 空运行　D. 单段运行方式

13. 在数控车床操作面板 CRT 上显示“ALARM”，表示（　）。

A. 系统未准备好　B. 电池需要更换

C. 系统报警　D. I/O 口正输入程序

14. 在急停按钮功能中，下列说法错误的是（　）。

A. 出现紧急情况时按下该按钮

B. 按下该按钮，主轴、进给同时停止

C. 按下该按钮，主轴运转立即停止

D. 需要停止机床时，可随时按下该按钮

15. 应在（　）模式下，用操作面板方向键控制机床的快速移动。

A. JOG　B. RAPID　C. MDI　D. EDIT

16. 快速进给倍率开关通常有四挡，其中（　）是最慢的快速进给倍率。

A. F0　　B. F25　　C. F50　　D. F100

17. 数控车床在手动返回参考点的过程中，先执行返回（　　）较为合适。

A. *X* 轴　　B. *Y* 轴　　C. *Z* 轴　　D. 任意轴

18. 加工程序段的结束部分常用（　）表示。

A. M02　　B. M30　　C. M00　　D. LF

19. 辅助功能中表示无条件程序暂停的指令是（　）。

A. M00　　B. M01　　C. M02　　D. M30

20. 辅助功能中与主轴有关的 M 指令是（　）。

A. M06　　B. M09　　C. M08　　D. M05

三、判断题（正确的打“√”，错误的打“×”）

1. 数控机床就是自动化机床。（　）
2. 数控机床的机床原点是由厂家设定的。（　）
3. 数控机床开机后，必须先进行返回参考点操作。（　）
4. 数控车床适合于多品种、中小批量的生产，特别适合于新产品试制零件的加工。（　）
5. 数控车床坐标轴定义顺序是先确定 *Z* 轴，然后确定 X 轴，最后按右手定则确定 *Y* 轴。（　）
6. 数控车床特别适用于零件的批量小、形状复杂、经常改型且精度高的场合。（　）
7. 数控车床是在普通车床的基础上将普通电气装置更换成 CNC 控制装置。（　）

四、简答题

1. 确定机床坐标系的原则是什么？试说明数控车床的坐标系是如何定义的。

2. 操作数控车床时，数控系统显示器上出现“+X 轴超程”报警时，应采取哪些措施解除报警？

3. 断电后首次开启机床，在“JOG”方式下按“主轴正转”钮，发现不能启动主轴。分析原因并提出解决办法。

4. 完整的程序包含若干程序段，那么程序段由哪些部分组成？

五、实训题

1. 完成数控车床（如 CK6140 型数控车床）开机、关机、切削液开启和关闭、回零的操作。

2. 在系统中输入下列两段程序，并进行轨迹仿真操作。

```
%3110;
N1 G92 X16 Z1;
N2 G37 G00 Z0 M03;
N3 M98 P0003 L6;
N4 G00 X16 Z1;
N5 G36;
N6 M05;
N7 M30;

%0003;
N1 G01 U-12 F100;
N2 G03 U7.385 W-4.923 R8;
N3 U3.215 W-39.877 R60;
N4 G02 U1.4 W-28.636 R40;
N5 G00 U4;
N6 W73.436;
N7 G01 U-4.8 F100;
N8 M99;
```

课题二　数控车削外圆及端面

一、填空题（将正确答案填写在横线上）

1. 外圆车削分为______、______、______三个过程。

2. 用右偏刀车削端面时，切削深度不能______。通常在车削端面时，右偏刀的主偏角应在____~____范围内。

3. 数控车床刀具主要使用安装可转位刀片的机夹刀具，它的特点是________、________、________。

4. 按照结构分类，可转位车刀有______式、______式、____________式。

5. 可转位刀片的材料主要采用__________，刀片廓形的____________是刀片的基本参数。

6. 精加工时，应选择较____背吃刀量、____进给量、较____的切削速度。

7. G00 一般用于加工前的____________或加工后的____________。

8. 数控车床的所有循环指令要特别注意正确选择程序循环______的位置，一般宜选择在距离______________________的位置。

9. 对刀的目的是确定______坐标系与______坐标系的相对关系。

二、选择题（将正确答案的代号填入括号内）

1. 数控车床的 *B* 轴是绕（　　）轴（直线轴）旋转的轴。

A. *X*　　B. *Y*　　C. *Z*　　D. *W*

2. FANUC 0i Mate－TD 控制系统数控车床使用（　　）设置工件坐标系。

A. G90、G91、G92　　B. G91、G54～G59、G90

C. G54～G59　　D. G93、G53、G94

3. 数控车床的默认加工平面是（　　）平面。

A. *XY*　　B. *XZ*　　C. *YZ*　　D. *OX*

4. 关于机床坐标系，下列说法正确的是（　　）。

A. 机床坐标系即右手直角笛卡尔坐标系

B. 刀具移动、工件不动的机床和刀具不动、工件移动的机床的坐标系命名原则是不一样的

C. 机床主运动轴为 *X* 轴

D. 刀具与工件之间距离减小的方向为正方向

5. 数控机床坐标系统的确定是假定（　　）。

A. 刀具相对于静止的工件而运动　　B. 工件相对于静止的刀具而运动

C. 刀具、工件都运动　　D. 刀具、工件都不运动

6. 数控机床的位置精度指标有（　　）。

A. 定位精度和重复定位精度　　B. 分辨率和脉冲当量

C. 主轴回转精度　　　　　　　　D. 几何精度

7. 数控车床中，功能字 S 的单位一般是（　　）。

A. mm/r　　B. r/mm　　C. mm/min　　D. r/min

8. 数控机床的机床坐标系是由机床的______建立的，____________________进行修改。下列选项正确的是（　　）。

A. 设计者　机床的使用者不能

B. 使用者　机床的设计者不能

C. 设计者　机床的使用者可以

D. 使用者　机床的设计者可以

9. ISO 标准规定绝对尺寸方式的指令为（　　）。

A. G90　　B. G91　　C. G92　　D. G98

10. 数控编程时，应首先设定（　　）。

A. 机床原点　　B. 固定参考点　　C. 机床坐标系　　D. 工件坐标系

11. G00 指令与下列的（　　）指令不是同一组的。

A. G01　　B. G02、G03　　C. G04　　D. G92

三、判断题（正确的打“√”，错误的打“×”）

1. 当数控加工程序编制完成后即可进行正式加工。（　　）

2. 数控车床编程分为绝对值编程和增量值编程，使用时不能将它们放在同一程序段中。（　　）

3. G 代码可以分为模态 G 代码和非模态 G 代码。（　　）

4. 不同的数控车床可能选用不同的数控系统，但数控加工程序指令都是相同的。（　　）

5. 一个主程序中只能有一个子程序。（　　）

6. 不同结构布局的数控机床有不同的运动方式，但无论何种形式，编程时都认为工件相对于刀具运动。（　　）

7. 子程序的编写方式必须是增量方式。（　　）

8. 由于数控系统不同，某些数控系统程序段中的顺序号可以省略。（　　）

9. FANUC 车床数控系统中 G50 设定坐标系可以采用相对值。（　　）

四、简答题

1. 在粗加工轴类零件时，应该如何合理选择切削参数？

2. 按主偏角角度（κ_γ）分，外圆车刀有哪些种类？简述它们的用途。

3. 加工台阶时台阶处出现不清角的问题，简述产生的原因及预防措施。

五、实训题

如图 4—2—1 所示台阶轴，编写程序，并完成该零件的加工。

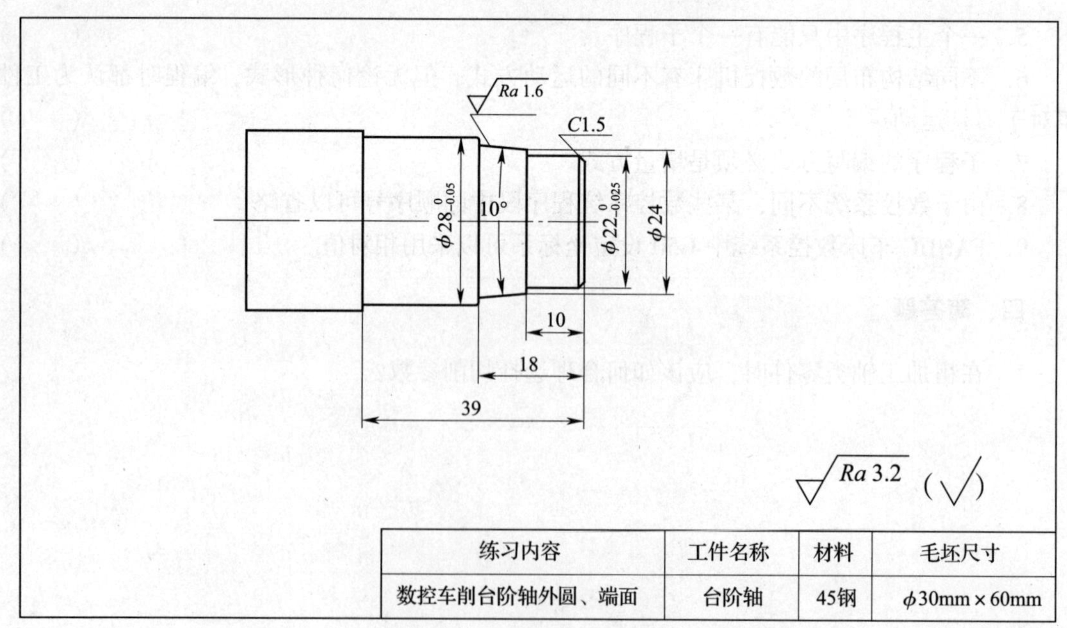

练习内容	工件名称	材料	毛坯尺寸
数控车削台阶轴外圆、端面	台阶轴	45钢	ϕ30mm×60mm

图 4—2—1　台阶轴零件图

1. 选择夹具、工具、量具和刀具

根据零件图的要求，选择夹具、工具、量具和刀具，填入清单（表 4—2—1）。

表 4—2—1　　夹具、工具、量具和刀具清单

分类	名称	规格	数量	备注
夹具				
工具				
量具				
刀具				

2. 讨论并确定加工工艺方案

（1）根据零件特征和加工要求，写出零件所用夹具和安装方法。

（2）根据零件加工要求，绘制台阶轴的工艺简图，并写出其加工工艺方案（表4—2—2）。

表4—2—2　　**台阶轴的工艺简图及加工工艺方案**

工艺简图	加工工艺方案

（3）根据零件图样要求和确定的加工工艺方案，填写台阶轴的数控加工工艺卡（表4—2—3）。

表 4—2—3 数控加工工艺卡

产品名称及型号	零件名称	零件图号	材料	时间定额	基本时间	
××××	台阶轴	××	45 钢		辅助时间	

工序名称	工步号	工步内容	刀具号	主轴转速（r/min）	进给量（mm/r）	切削速度（m/min）
数控车削						
定位图						

加工者		设备号		夹具号		切削液	
编制		审核		批准		日期	

3．编写程序

程序	说明

4．加工操作

完成台阶轴的数控车削，并在表4—2—4中记录加工过程。

表4—2—4　　　　　　　　　数控车削台阶轴加工过程记录表

<table>
<tr><th>操作步骤</th><th colspan="2">过程记录</th></tr>
<tr><td>开机、回参考点</td><td colspan="2"></td></tr>
<tr><td>装夹工件</td><td colspan="2">（1）采用____________夹具装夹零件
（2）夹持零件__________部位，伸出长度为______mm
（3）画出零件装夹示意图：</td></tr>
<tr><td rowspan="4">安装刀具</td><td colspan="2">1号刀具：</td></tr>
<tr><td colspan="2">2号刀具：</td></tr>
<tr><td colspan="2">3号刀具：</td></tr>
<tr><td colspan="2">4号刀具：</td></tr>
<tr><td>对刀及参数设置</td><td colspan="2">用简图标出对刀点位置：</td></tr>
<tr><td rowspan="2">输入程序并校验</td><td rowspan="2">（1）根据程序绘制刀具轨迹图</td><td>（2）记录错误程序段</td></tr>
<tr><td>（3）改正结果</td></tr>
<tr><td>加工零件</td><td colspan="2">记录加工过程中的现象及问题：</td></tr>
<tr><td>过程检测</td><td colspan="2">粗加工检测结果：______________
补偿值：X ____________　Z ____________
精加工检测结果：______________</td></tr>
</table>

5. 加工精度检验与质量分析

（1）正确使用量具检测台阶轴，并填写零件加工精度检测评分表（表4—2—5）。

表4—2—5　　零件加工精度检测评分表

考核项目	考核内容		配分		评分标准	检测结果	得分
	尺寸（mm）	表面粗糙度（μm）	尺寸	表面粗糙度			
尺寸精度及表面粗糙度	$\phi22^{\ 0}_{-0.025}$	$Ra3.2$	8	2	超差不得分		
	$\phi28^{\ 0}_{-0.05}$	$Ra3.2$	8	2	超差不得分		
	10°锥面	$Ra1.6$	8	2	超差不得分		
	10		6		超差不得分		
	18		6		超差不得分		
	39		6		超差不得分		
	倒角 *C*1.5		2		错误不得分		
工艺	工艺制定合理		5		每处错误扣1分		
程序	程序编制正确		10		每处错误扣1分		
其他	安全文明生产		15		违反规定为不合格		
	现场操作规范		20		违反规定为不合格		
合计			100				

（2）在表4—2—6中记录问题现象、产生原因、预防和消除措施。

表4—2—6　　数控车削台阶轴的质量分析

问题现象	产生原因	预防和消除措施

课题三　数控车削圆弧面

一、填空题（将正确答案填写在横线上）

1. G02 是____________________指令，G03 是____________________指令。

2. 采用半径编程方法编写圆弧插补程序时，当其圆弧所对圆心角____________时，该半径 R 取负值。

3. “G02 X40 Z50 I－7 K10 F0.1;”中的 I 和 K 表示________________________坐标。

4. 具有使程序在“任选停止”键有效时停止运行的 M 指令是______。

5. 刀尖圆弧半径增大，会使径向阻力________。

6. 粗加工时，应选择较______的背吃刀量、进给量，较______的切削速度。

7. 精加工时，应选择较______的背吃刀量、进给量，较______的切削速度。

8. 成形切削粗车复合循环适用于________________________。

9. 刀具半径补偿功能 G41 表示________________，G42 表示____________________，G40 表示________________。

二、选择题（将正确答案的代号填入括号内）

1. 下列指令中不具有模态功能的代码为（　　）。

A. G00　　B. G01　　C. G02　　D. G04

2. 根据 ISO 标准，当刀具中心轨迹在程序轨迹前进方向右边时称为刀具半径右补偿，用（　　）指令表示。

A. G40　　B. G41　　C. G42　　D. G43

3. 以下（　　）不是尺寸字的地址码。

A. I　　B. N　　C. X　　D. U

4. 切削液能从切削区域带走大量的（　　），降低刀具、工件温度，提高刀具寿命和加工质量。

A. 切屑　　B. 切削热　　C. 切削力　　D. 振动

5. 某数控车床定义 G41 为刀具半径左补偿，即刀具（　　）方向运动时的半径补偿。

A. 沿工件左侧　　B. 沿机床左侧　　C. 沿机床右侧　　D. 沿工件右侧

6. 数控车床（只有 X、Z 轴）圆弧插补时，观察者沿圆弧所在平面的垂直坐标轴（Y 轴）的负方向看去，顺时针方向为 G02，逆时针方向为 G03。通常，圆弧的顺、逆方向判别与车床刀架位置有关，正确的说法是（　　）。

A. 图 4—3—1a 所示为刀架在数控车床内侧时的情况

B. 图 4—3—1a 所示为刀架在数控车床外侧时的情况

C. 图 4—3—1b 所示为刀架在数控车床内侧时的情况

D. 以上说法均不正确

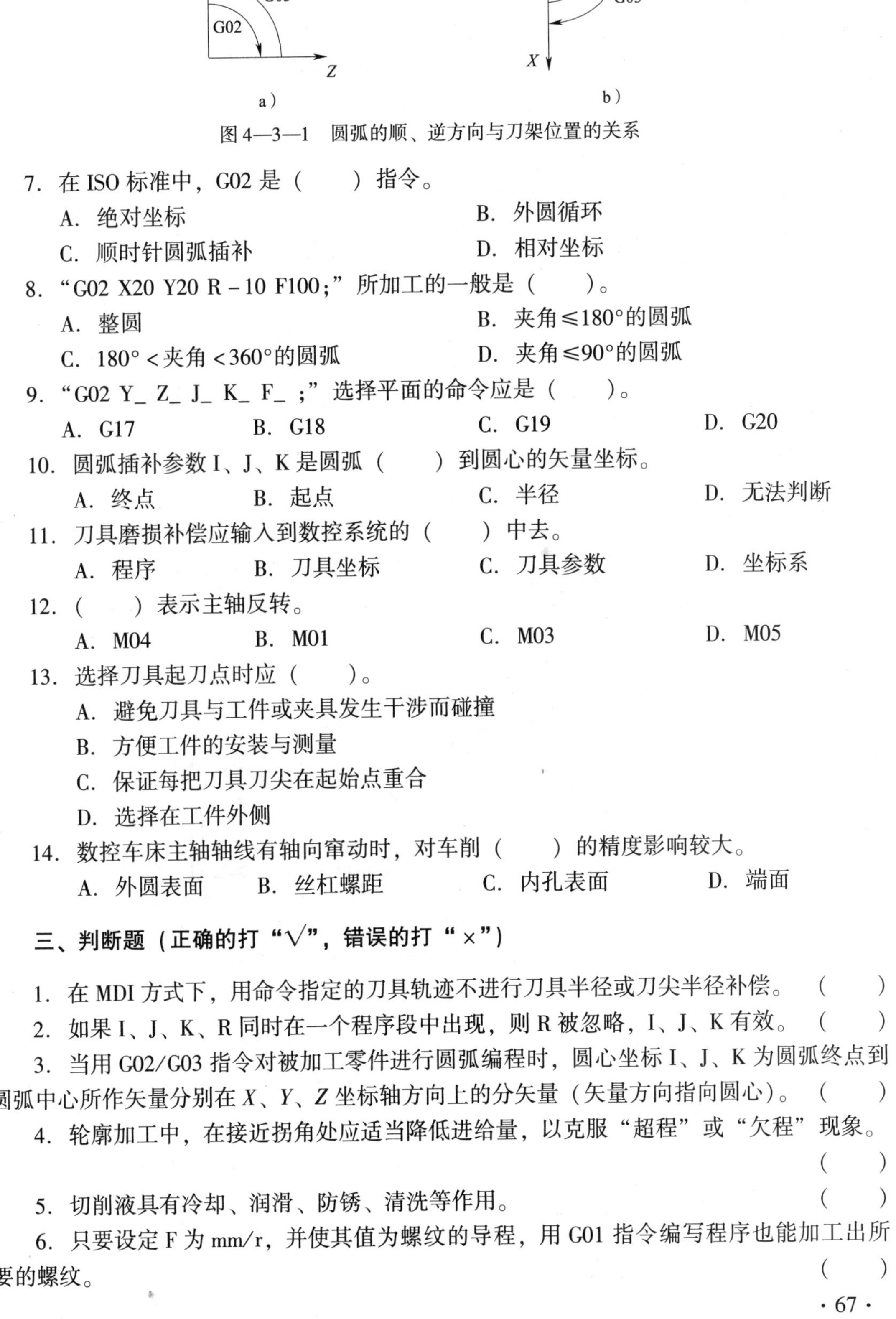

图 4—3—1　圆弧的顺、逆方向与刀架位置的关系

7. 在 ISO 标准中，G02 是（　　）指令。

A. 绝对坐标　　B. 外圆循环

C. 顺时针圆弧插补　　D. 相对坐标

8. “G02 X20 Y20 R－10 F100;”所加工的一般是（　　）。

A. 整圆　　B. 夹角≤180°的圆弧

C. 180°<夹角<360°的圆弧　　D. 夹角≤90°的圆弧

9. “G02 Y_ Z_ J_ K_ F_ ;”选择平面的命令应是（　　）。

A. G17　　B. G18　　C. G19　　D. G20

10. 圆弧插补参数 I、J、K 是圆弧（　　）到圆心的矢量坐标。

A. 终点　　B. 起点　　C. 半径　　D. 无法判断

11. 刀具磨损补偿应输入到数控系统的（　　）中去。

A. 程序　　B. 刀具坐标　　C. 刀具参数　　D. 坐标系

12. （　　）表示主轴反转。

A. M04　　B. M01　　C. M03　　D. M05

13. 选择刀具起刀点时应（　　）。

A. 避免刀具与工件或夹具发生干涉而碰撞

B. 方便工件的安装与测量

C. 保证每把刀具刀尖在起始点重合

D. 选择在工件外侧

14. 数控车床主轴轴线有轴向窜动时，对车削（　　）的精度影响较大。

A. 外圆表面　　B. 丝杠螺距　　C. 内孔表面　　D. 端面

三、判断题（正确的打“√”，错误的打“×”）

1. 在 MDI 方式下，用命令指定的刀具轨迹不进行刀具半径或刀尖半径补偿。（　　）

2. 如果 I、J、K、R 同时在一个程序段中出现，则 R 被忽略，I、J、K 有效。（　　）

3. 当用 G02/G03 指令对被加工零件进行圆弧编程时，圆心坐标 I、J、K 为圆弧终点到圆弧中心所作矢量分别在 X、Y、Z 坐标轴方向上的分矢量（矢量方向指向圆心）。（　　）

4. 轮廓加工中，在接近拐角处应适当降低进给量，以克服“超程”或“欠程”现象。（　　）

5. 切削液具有冷却、润滑、防锈、清洗等作用。（　　）

6. 只要设定 F 为 mm/r，并使其值为螺纹的导程，用 G01 指令编写程序也能加工出所要的螺纹。（　　）

四、简答题

1．圆弧加工产生误差的原因有哪些？其预防措施是什么？

2．写出固定形状粗车循环 G73 的格式及其参数的含义。

五、实训题

如图 4—3—2 所示为刀柄拉钉，编写程序，并完成该零件的加工。

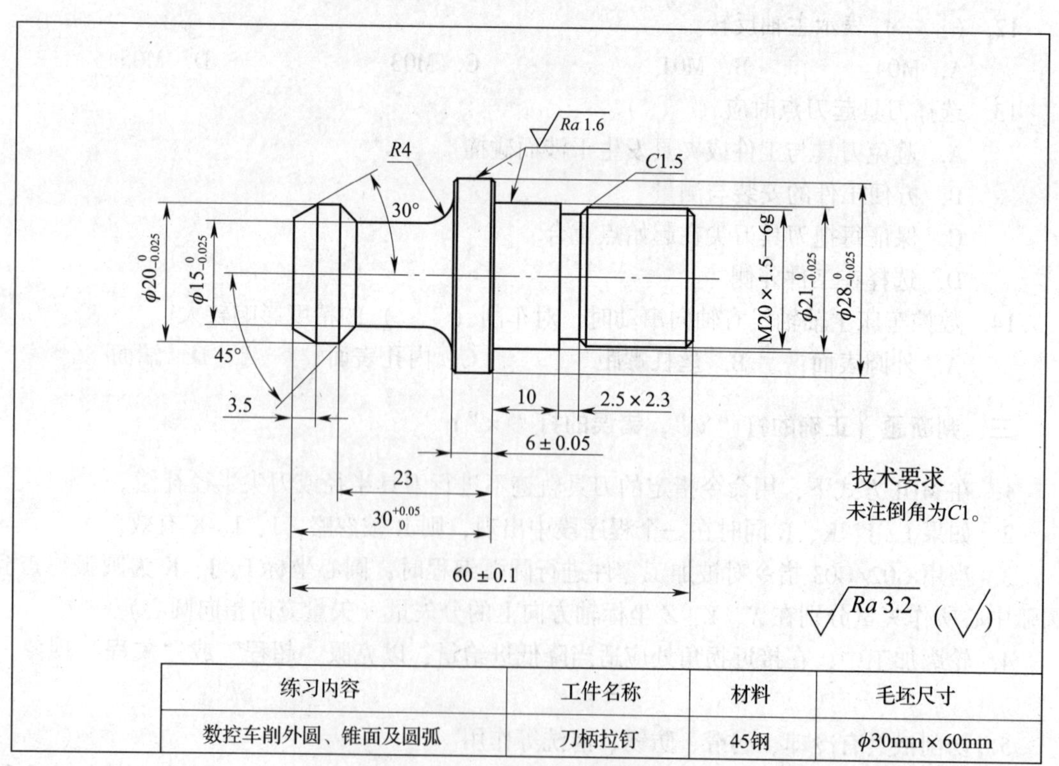

练习内容	工件名称	材料	毛坯尺寸
数控车削外圆、锥面及圆弧	刀柄拉钉	45钢	φ30mm×60mm

图 4—3—2　刀柄拉钉零件图

1. 选择夹具、工具、量具和刀具

根据零件图的要求，选择夹具、工具、量具和刀具，填入清单（表4—3—1）。

表4—3—1　　　　夹具、工具、量具和刀具清单

分类	名称	规格	数量	备注
夹具				
工具				
量具				
刀具				

2. 讨论并确定加工工艺方案

（1）根据零件特征和加工要求，写出零件所用夹具和安装方法。

（2）根据零件加工要求，绘制刀柄拉钉的工艺简图，并在表4—3—2中写出其加工工艺方案。

表4—3—2　　　　数控车削刀柄拉钉的工艺简图及加工工艺方案

工艺简图	加工工艺方案

续表

工艺简图	加工工艺方案

(3) 根据零件图样要求和确定的加工工艺方案，填写刀柄拉钉的数控加工工艺卡（表4—3—3）。

表 4—3—3　　　　数控加工工艺卡

产品名称及型号		零件名称	零件图号	材料	时间定额	基本时间	
××××		刀柄拉钉	××	45 钢		辅助时间	
工序名称	工步号	工步内容	刀具号	主轴转速 (r/min)	进给量 (mm/r)	切削速度 (m/min)	
数控车削							

续表

工序名称	工步号	工步内容	刀具号	主轴转速（r/min）	进给量（mm/r）	切削速度（m/min）
数控车削						
定位图						

加工者		设备号		夹具号		切削液	
编制		审核		批准		日期	

3．编写程序

程序	说明

4. 加工操作

完成刀柄拉钉的加工，并在表 4—3—4 中记录其加工过程。

表 4—3—4　　　　数控车削刀柄拉钉的加工过程记录表

<table>
<tr><th>操作步骤</th><th colspan="2">过程记录</th></tr>
<tr><td>开机、回参考点</td><td colspan="2"></td></tr>
<tr><td>装夹工件</td><td colspan="2">（1）采用______________夹具装夹零件
（2）夹持零件__________部位，伸出长度为______mm
（3）画出零件装夹示意图：</td></tr>
<tr><td rowspan="4">安装刀具</td><td colspan="2">1 号刀具：</td></tr>
<tr><td colspan="2">2 号刀具：</td></tr>
<tr><td colspan="2">3 号刀具：</td></tr>
<tr><td colspan="2">4 号刀具：</td></tr>
<tr><td>对刀及参数设置</td><td colspan="2">用简图标出对刀点位置：</td></tr>
<tr><td rowspan="2">输入程序并校验</td><td rowspan="2">（1）根据程序绘制刀具轨迹图</td><td>（2）记录错误程序段</td></tr>
<tr><td>（3）改正结果</td></tr>
<tr><td>加工零件</td><td colspan="2">记录加工过程中的现象及问题：</td></tr>
<tr><td>过程检测</td><td colspan="2">粗加工检测结果：________________________
补偿值：X ______________　Z ____________
精加工检测结果：________________________</td></tr>
</table>

5. 加工精度检验与质量分析

（1）正确使用量具检测刀柄拉钉，并填写零件加工精度检测评分表（表4—3—5）。

表4—3—5　　　　零件加工精度检测评分表

考核项目	考核内容		配分		评分标准	检测结果	得分
	尺寸（mm）	表面粗糙度（μm）	尺寸	表面粗糙度			
尺寸精度及表面粗糙度	$\phi21_{-0.025}^{\ 0}$	$Ra1.6$	4	1	超差不得分		
	$\phi28_{-0.025}^{\ 0}$	$Ra1.6$	4	1	超差不得分		
	M20×1.5—6g		5		超差不得分		
	$\phi15_{-0.025}^{\ 0}$		4		超差不得分		
	$\phi20_{-0.025}^{\ 0}$		4		超差不得分		
	$30_{\ 0}^{+0.05}$		3		超差不得分		
	6±0.05		3		超差不得分		
	$R4$		3		超差不得分		
	45°锥面		3		超差不得分		
	30°锥面		3		超差不得分		
	60±0.1		4		超差不得分		
	23		3		超差不得分		
	10		3		超差不得分		
	3.5		3		超差不得分		
	2.5×2.3 退刀槽		3		超差不得分		
	倒角 $C1.5$、$C1$		6		错误不得分		
	$Ra3.2$		5		超差不得分		
工艺	工艺制定合理		5		每处错误扣1分		
程序	程序编制正确		10		每处错误扣1分		
其他	安全文明生产		10		违反规定为不合格		
	现场操作规范		10		违反规定为不合格		
合计			100				

（2）在表4—3—6中记录问题现象、产生原因、预防和消除措施。

表 4—3—6　　数控车削刀柄拉钉的质量分析

问题现象	产生原因	预防和消除措施

课题四　数控车削直槽

一、填空题（将正确答案填写在横线上）

1. 切槽时在槽底延时用________指令。

2. 在确定加工路线时，应沿零件的______________切入和切出。

3. 数控加工中，常用______和______切槽（断）刀，刀片一般选用______________或______________刀片。

4. 切槽刀的刀头部分长度 = ________ + （____________）mm，刀宽根据需要刃磨或选择。

5. 车削矩形沟槽时可用刀宽________槽宽的切槽刀。

6. 切断工件的方法可以采用________法、____________法、____________法。

二、选择题（将正确答案的代号填入括号内）

1. 数控车削程序中，F100 表示（　　）。

A. 切削速度　　B. 进给速度

C. 主轴转速　　D. 步进电动机转速

2. 刀具刀位点相对于工件运动的轨迹称为加工路线，走刀路线是编写程序的依据之一。下列叙述中，不属于确定加工路线时应遵循的原则的是（　　）。

A. 加工路线应保证被加工零件的精度和表面粗糙度

B. 使数值计算简单，以减少编程工作量

C. 应使加工路线最短，这样既可以减少程序段，又可以减少空刀时间

D. 对于既有面又有孔的零件，可先车面后镗孔

3. 数控系统中，(　　) 指令在加工过程中是非模态的。

A. G90　　B. G55　　C. G04　　D. G02。

4. 数控车削不可以加工 (　　)。

A. 螺纹　　B. 键槽　　C. 外圆柱面　　D. 端面

5. 数控车床的数控系统中，(　　) 指令可以进行恒线速控制。

A. G0 S_　　B. G96 S_　　C. G01 F_　　D. G98 S_

6. 在 G41 或 G42 指令的程序段中不能用 (　　) 指令。

A. G00 或 G01　　B. G02 或 G03　　C. G01 或 G02　　D. G01 或 G03

三、判断题（正确的打“√”，错误的打“×”）

1. G95 F0.2 表示为每分钟进给量 0.2 mm/r。 (　　)

2. 程序 M98 P51002 表示将子程序号为 5100 的子程序连续调用两次。 (　　)

3. 按照切槽的深度，切槽刀分为浅切槽刀、深切槽刀；按照可转位刀片与刀杆角度，切槽刀分为 45°切槽刀、90°切槽刀。 (　　)

4. 车削较小的梯形槽，一般用成形刀车削完成。较大的梯形槽通常先车直槽，然后用梯形刀直进法或左右切削法完成。 (　　)

5. 机夹式切断刀中常用的切断刀具类型是刀体和刀片系统。 (　　)

6. G04 指令使程序在所指定的时间内暂停切削动作，常用于车槽、镗平面、锪孔、正反转切换等场合。 (　　)

四、简答题

1. 如何消除槽加工中的振动现象？

2. 刀具返回参考点的指令有几个？各在什么情况下使用？

五、实训题

如图 4—4—1 所示为皮带轴，编写程序，并完成该零件加工。

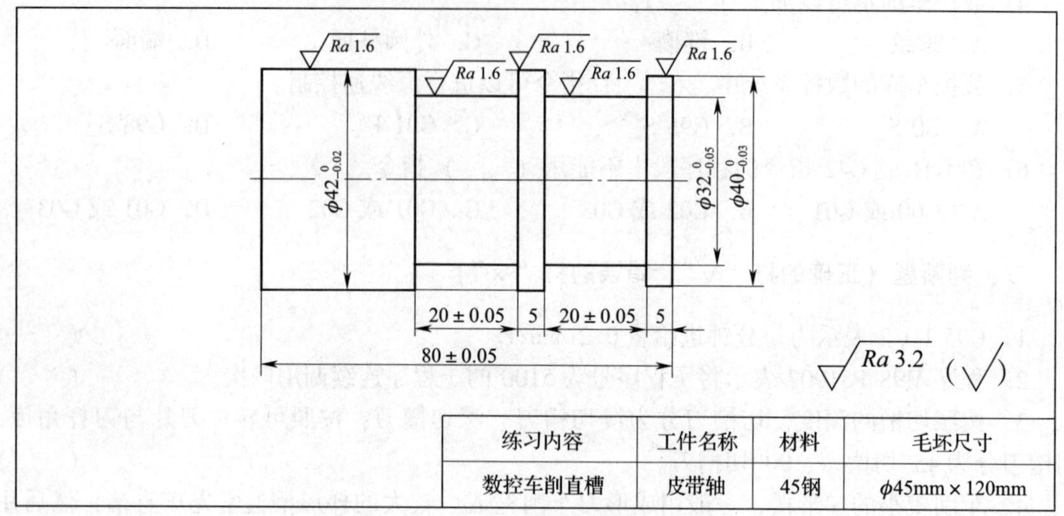

图 4—4—1　皮带轴零件图

1．选择夹具、工具、量具和刀具

根据零件图的要求，选择夹具、工具、量具和刀具，填入清单（表 4—4—1）。

表 4—4—1　　**夹具、工具、量具和刀具清单**

分类	名称	规格	数量	备注
夹具				
工具				
量具				
刀具				

2．讨论并确定加工工艺方案

（1）根据零件特征和加工要求，写出零件所用夹具和安装方法。

（2）根据零件加工要求，绘制皮带轴的工艺简图，并在表 4—4—2 中写出加工工艺方案。

表 4—4—2　　　　数控车削皮带轴工艺简图及加工工艺方案

工艺简图	加工工艺方案

（3）根据零件图样要求和确定的加工工艺方案，填写皮带轴的数控加工工艺卡（表 4—4—3）。

表 4—4—3　　　　数控加工工艺卡

<table>
<tr><td colspan="2">产品名称及型号</td><td>零件名称</td><td>零件图号</td><td>材料</td><td rowspan="2">时间定额</td><td>基本时间</td><td></td></tr>
<tr><td colspan="2">××××</td><td>皮带轴</td><td>××</td><td>45 钢</td><td>辅助时间</td><td></td></tr>
</table>

<table>
<tr><td>工序名称</td><td>工步号</td><td>工步内容</td><td>刀具号</td><td>主轴转速（r/min）</td><td>进给量（mm/r）</td><td>切削速度（m/min）</td></tr>
<tr><td rowspan="4">数控车削</td><td></td><td></td><td></td><td></td><td></td><td></td></tr>
<tr><td></td><td></td><td></td><td></td><td></td><td></td></tr>
<tr><td></td><td></td><td></td><td></td><td></td><td></td></tr>
<tr><td></td><td></td><td></td><td></td><td></td><td></td></tr>
</table>

续表

工序名称	工步号	工步内容	刀具号	主轴转速（r/min）	进给量（mm/r）	切削速度（m/min）
数控车削						
定位图						

加工者		设备号		夹具号		切削液	
编制		审核		批准		日期	

3. 编写程序

程序	说明

4．加工操作

完成带轮直槽 V 形槽的加工，并在表 4—4—4 中记录其加工过程。

表 4—4—4　　数控车削皮带轴加工过程记录表

<table>
<tr><th>操作步骤</th><th colspan="2">过程记录</th></tr>
<tr><td>开机、回参考点</td><td colspan="2"></td></tr>
<tr><td>装夹工件</td><td colspan="2">（1）采用____________夹具装夹零件
（2）夹持零件_________部位，伸出长度为_____mm
（3）画出零件装夹示意图：</td></tr>
<tr><td rowspan="4">安装刀具</td><td colspan="2">1 号刀具：</td></tr>
<tr><td colspan="2">2 号刀具：</td></tr>
<tr><td colspan="2">3 号刀具：</td></tr>
<tr><td colspan="2">4 号刀具：</td></tr>
<tr><td>对刀及参数设置</td><td colspan="2">用简图标出对刀点位置：</td></tr>
<tr><td rowspan="2">输入程序并校验</td><td rowspan="2">（1）根据程序绘制刀具轨迹图</td><td>（2）记录错误程序段</td></tr>
<tr><td>（3）改正结果</td></tr>
<tr><td>加工零件</td><td colspan="2">记录加工过程中的现象及问题：</td></tr>
<tr><td>过程检测</td><td colspan="2">粗加工检测结果：___________________
补偿值：X ____________Z ___________
精加工检测结果：___________________</td></tr>
</table>

5. 加工精度检验与质量分析

（1）正确使用量具检测带轮，并填写零件加工精度检测评分表（表4—4—5）。

表4—4—5　　零件加工精度检测评分表

考核项目	考核内容		配分		评分标准	检测结果	得分
	尺寸（mm）	表面粗糙度（μm）	尺寸	表面粗糙度			
尺寸精度及表面粗糙度	$\phi42_{-0.02}^{0}$（2处）	$Ra1.6$	10（每处5）	6（每处3）	超差不得分		
	$\phi32_{-0.05}^{0}$ 直槽（2处）	$Ra1.6$（2处）	16（每处10）	6（每处3）	超差不得分		
	$\phi40_{-0.03}^{0}$	$Ra1.6$	5	3	超差不得分		
	80 ±0.05		6		超差不得分		
	20 ±0.05（2处）		8		超差不得分		
	5（2处）		6（每处3）		超差不得分		
	$Ra3.2$		6		超差不得分		
	去毛刺		3		未去除不得分		
工艺	工艺制定合理		5		每处错误扣1分		
程序	程序编制正确		10		每处错误扣1分		
其他	安全文明生产		5		违反规定为不合格		
	现场操作规范		5		违反规定为不合格		
合计			100				

（2）在表4—4—6中记录问题现象、产生原因、预防和消除措施。

表4—4—6　　数控车削带轮的质量分析

问题现象	产生原因	预防和消除措施

课题五　数控车削塑料碗模具型芯

一、填空题（将正确答案填写在横线上）

1. 变量由变量符号“____”和________（____________）组成。

2. 按变量号码可将变量分为________变量、________变量、________变量。

3. 所谓______变量就是在用户宏中局部使用的变量。______变量是在主程序及调用的子程序中通用的变量。

4. 条件转移语句“IF [#2 LE #3] GOTO20;”表示的含义是____。

二、选择题（将正确答案的代号填入括号内）

1. 属于数控系统中变量的是（　　）。

A. %0006　　B. M30　　C. #20　　D. # [#1 ~ 10]

2. （　　）变量是根据用途而被固定的变量，它的值决定系统的状态。

A. 局部　　B. 公共　　C. 系统　　D. 主

3. “N40 GOTO20;”的正确含义是（　　）。

A. 程序执行到 N40 程序段时，程序无条件转移到 N20 程序段继续运行

B. 程序执行到 N40 程序段时，数控主轴转速 20 r/s

C. 程序执行到 N40 程序段时，车刀横向进给 20 mm

D. 程序执行到 N40 程序段时，车刀切削深度为 20 mm

三、判断题（正确的打“√”，错误的打“×”）

1. 当在程序中定义变量时，小数点是可以省略的。（　　）

2. 在程序中引用变量时，变量号必须放在地址符前面。（　　）

3. “#1 = 100.0; G00 X - #1;”执行的结果是 G00 X100.0。（　　）

4. 当用表达式指定变量时，必须把表达式放入方括号内“[ ]”，如“G00 X [#1 + 10] Z30.0;”。（　　）

四、编程题

如图 4—5—1 所示，用宏程序编制该零件的外椭圆面的精加工程序。毛坯尺寸为 $\phi45$ mm × 55 mm。

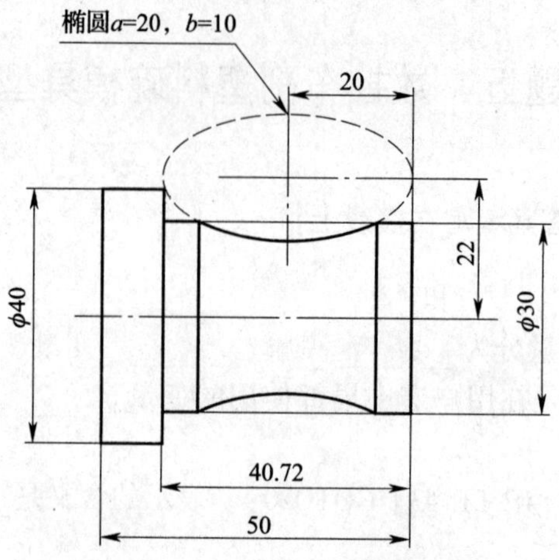

图 4—5—1　带椭圆内凹面的轴零件

程序	说明

五、实训题

如图 4—5—2 所示为塑料碗模具型芯，用宏程序编程，并完成该零件的加工。

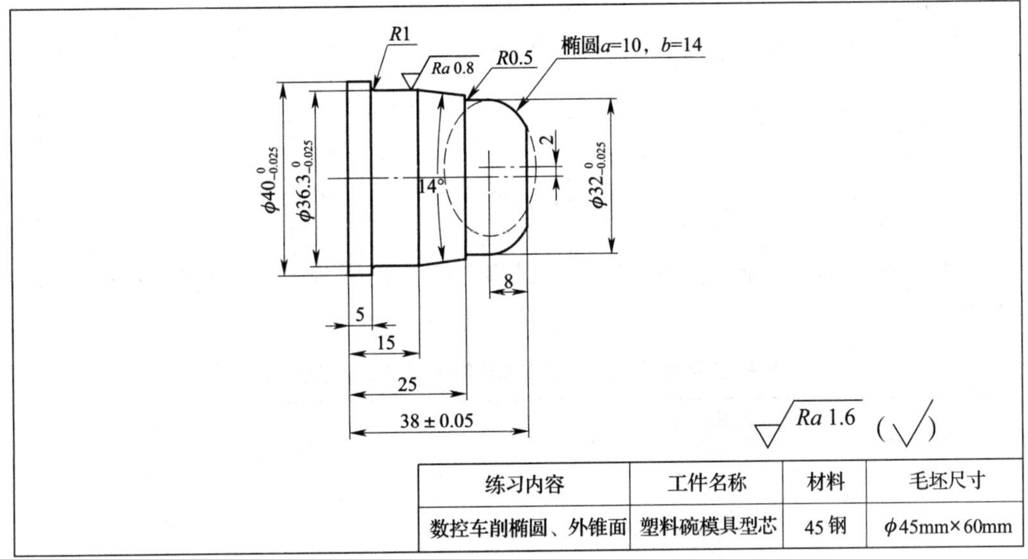

练习内容	工件名称	材料	毛坯尺寸
数控车削椭圆、外锥面	塑料碗模具型芯	45 钢	φ45mm×60mm

图 4—5—2　塑料碗模具型芯零件图

1. 选择夹具、工具、量具和刀具

根据零件图的要求，选择夹具、工具、量具和刀具，填入清单（表 4—5—1）。

表 4—5—1　　**夹具、工具、量具和刀具清单**

分类	名称	规格	数量	备注
夹具				
工具				
量具				
刀具				

2．讨论并确定加工工艺方案

（1）根据零件特征和加工要求，写出零件所用夹具和安装方法。

（2）根据零件加工要求，绘制塑料碗模具型芯的工艺简图，并在表 4—5—2 中写出加工工艺方案。

表 4—5—2　　　　数控车削塑料碗模具型芯工艺简图及加工工艺方案

工艺简图	工艺方案

(3) 根据零件图样要求和确定的加工工艺方案，填写塑料碗模具型芯的数控加工工艺卡（表4—5—3）。

表4—5—3　　数控加工工艺卡

<table>
<tr><td colspan="2">产品名称及型号</td><td>零件名称</td><td>零件图号</td><td>材料</td><td rowspan="2">时间定额</td><td>基本时间</td><td></td></tr>
<tr><td colspan="2">××××</td><td>塑料碗模具型芯</td><td>××</td><td>45钢</td><td>辅助时间</td><td></td></tr>
<tr><td>工序名称</td><td>工步号</td><td>工步内容</td><td>刀具号</td><td>主轴转速（r/min）</td><td>进给量（mm/r）</td><td colspan="2">切削速度（m/min）</td></tr>
<tr><td rowspan="8">数控车削</td><td></td><td></td><td></td><td></td><td></td><td colspan="2"></td></tr>
<tr><td></td><td></td><td></td><td></td><td></td><td colspan="2"></td></tr>
<tr><td></td><td></td><td></td><td></td><td></td><td colspan="2"></td></tr>
<tr><td></td><td></td><td></td><td></td><td></td><td colspan="2"></td></tr>
<tr><td></td><td></td><td></td><td></td><td></td><td colspan="2"></td></tr>
<tr><td></td><td></td><td></td><td></td><td></td><td colspan="2"></td></tr>
<tr><td></td><td></td><td></td><td></td><td></td><td colspan="2"></td></tr>
<tr><td></td><td></td><td></td><td></td><td></td><td colspan="2"></td></tr>
<tr><td>定位图</td><td colspan="7"></td></tr>
</table>

加工者		设备号		夹具号		切削液	
编制		审核		批准		日期	

3. 编写程序

程序	说明

4. 加工操作

完成塑料碗模具型芯的加工，并在表 4—5—4 中记录其加工过程。

表 4—5—4　　数控车削塑料碗模具型芯加工过程记录表

操作步骤	过程记录
开机、回参考点	
装夹工件	（1）采用________夹具装夹零件 （2）夹持零件______部位，伸出长度为___mm （3）画出零件装夹示意图：
安装刀具	1 号刀具：
	2 号刀具：
	3 号刀具：
	4 号刀具：

续表

<table>
<tr><th>操作步骤</th><th colspan="2">过程记录</th></tr>
<tr><td>对刀及参数设置</td><td colspan="2">用简图标出对刀点位置：</td></tr>
<tr><td rowspan="2">输入程序并校验</td><td rowspan="2">（1）根据程序绘制刀具轨迹图</td><td>（2）记录错误程序段</td></tr>
<tr><td>（3）改正结果</td></tr>
<tr><td>加工零件</td><td colspan="2">记录加工过程中的现象及问题：</td></tr>
<tr><td>过程检测</td><td colspan="2">粗加工检测结果：__________________
补偿值：X _________ Z _________
精加工检测结果：__________________</td></tr>
</table>

5．加工精度检验与质量分析

（1）正确使用量具检测塑料碗模具型芯，并填写零件加工精度检测评分表（表4—5—5）。

表4—5—5　　零件加工精度检测评分表

考核项目	考核内容		配分		评分标准	检测结果	得分
	尺寸精度（mm）	表面粗糙度（μm）	尺寸	表面粗糙度			
尺寸精度及表面粗糙度	$\phi36.3_{-0.025}^{0}$	*Ra*0.8	5	2	超差不得分		
	$\phi40_{-0.025}^{0}$	*Ra*1.6	5	2	超差不得分		
	$\phi32_{-0.025}^{0}$	*Ra*1.6	5	2	超差不得分		
	外椭圆面 $a=10$，$b=14$	*Ra*1.6	8	2	超差不得分		
	14°锥面	*Ra*1.6	7	2	超差不得分		
	38 ±0.05		5		超差不得分		
	*R*1、*R*0.5		4		超差不得分		
	5		2		超差不得分		
	15		2		超差不得分		
	25		2		超差不得分		
工艺	工艺制定合理		5		每处错误扣1分		
程序	程序编制正确		10		每处错误扣1分		
其他	安全文明生产		15		违反规定为不合格		
	现场操作规范		15		违反规定为不合格		
合计			100				

（2）在表4—5—6中记录问题现象、产生原因、预防和消除措施。

表4—5—6　　数控车削塑料碗模具型芯的质量分析

问题现象	产生原因	预防和消除措施

课题六　数控车削塑料碗模具型腔

一、填空题（将正确答案填写在横线上）

1. 为了保证工件达到图样规定的精度和技术要求，夹具的__________与__________、__________尽量重合。

2. 减少工艺系统受力变形的措施有：提高______刚度；提高______的刚度；提高______的刚度；合理______工件，以减少夹紧变形。

3. 尺寸ϕ48F6中，“6”代表____________________。

二、选择题（将正确答案的代号填入括号内）

1. 车削时，车刀的纵向移动或横向移动是（　　）。
   A. 主运动　　B. 进给运动　　C. 切削运动　　D. 辅助运动
2. 在车外圆时，切削速度计算式中的直径D指（　　）的直径。
   A. 待加工表面　　B. 加工表面　　C. 已加工表面　　D. 以上均对
3. 数控车床上的三爪自定心卡盘、中心架等属于（　　）夹具。
   A. 通用　　B. 专用　　C. 组合　　D. 拼装
4. 车削加工时，大部分切削热由（　　）传导出去。
   A. 刀具　　B. 工件　　C. 切屑　　D. 空气

三、判断题（正确的打“√”，错误的打“×”）

1. 圆柱形轴类零件只能用三爪自定心卡盘装夹，不能用四爪单动卡盘装夹。（　　）
2. 划线是机械加工的重要工序，广泛地用于成批生产和大量生产中。（　　）
3. 数控车床自动刀架的刀位数与其数控系统所允许的刀具数总是一致的。（　　）
4. 用内径百分表测量内孔时，必须摆动内径百分表，所得最大尺寸是孔的实际尺寸。（　　）

四、编程题

如图 4—6—1 所示，编写该零件的完整加工程序。

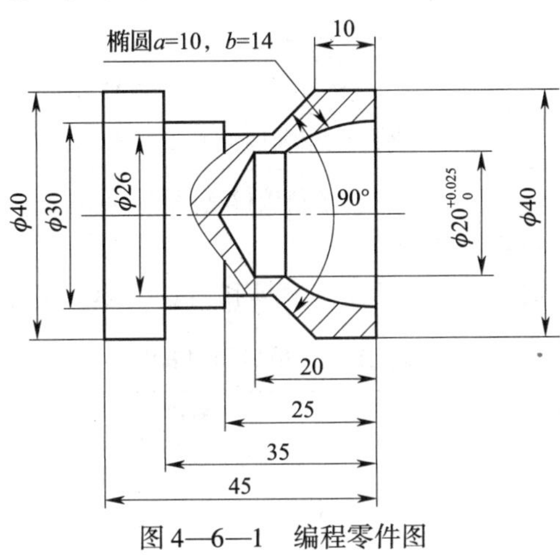

图 4—6—1　编程零件图

程序	说明

五、实训题

如图 4—6—2 所示为塑料碗模具型腔，用所学基本指令及宏程序功能手工编程，并完成该零件加工。（提示：毛坯件要求六面精磨，中间划线找正，并铰 ϕ10 mm 孔为基准孔）。

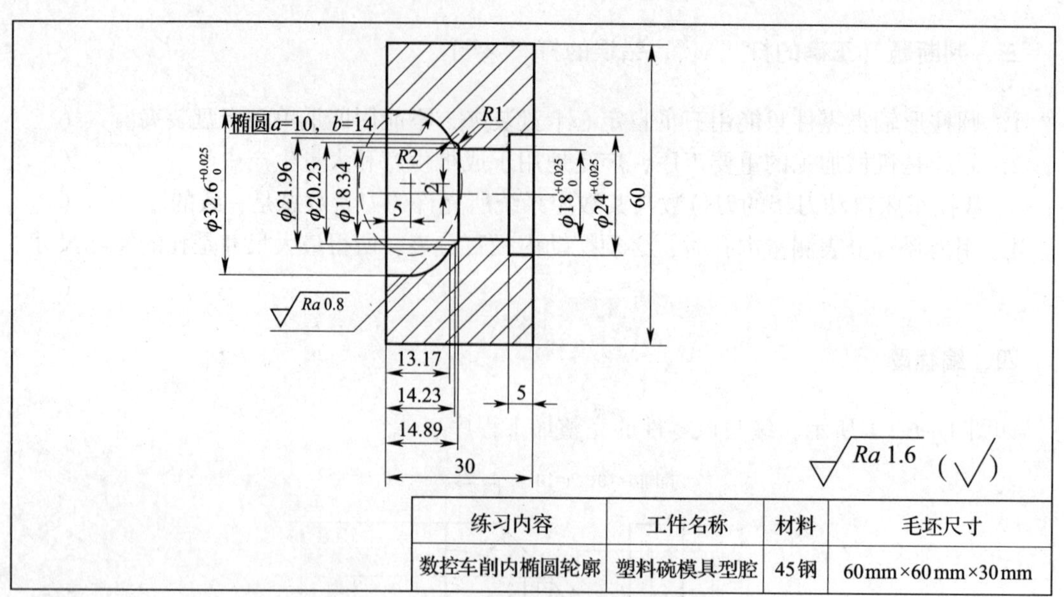

图4—6—2　塑料碗模具型腔零件图

1．选择夹具、工具、量具和刀具

根据零件图的要求，选择夹具、工具、量具和刀具，填入清单（表4—6—1）。

表4—6—1　　夹具、工具、量具和刀具清单

分类	名称	规格	数量	备注
夹具				
工具				
量具				
刀具				

2．讨论并确定加工工艺方案

（1）根据零件特征和加工要求，写出零件所用夹具和安装方法。

（2）根据零件加工要求，绘制塑料碗模具型腔的工艺简图，并在表 4—6—2 中填写其加工工艺方案。

表 4—6—2　　　　数控车削塑料碗模具型腔工艺简图及加工工艺方案

工艺简图	加工工艺方案

（3）填写数控加工工艺卡

根据零件图样要求和确定的加工工艺方案，填写塑料碗模具型腔的数控加工工艺卡（表 4—6—3）。

表 4—6—3　　　　数控加工工艺卡

<table>
<tr><td colspan="2">产品名称及型号</td><td>零件名称</td><td>零件图号</td><td>材料</td><td rowspan="2">时间定额</td><td>基本时间</td><td></td></tr>
<tr><td colspan="2">××××</td><td>塑料碗模具型腔</td><td>××</td><td>45 钢</td><td>辅助时间</td><td></td></tr>
<tr><td>工序名称</td><td>工步号</td><td>工步内容</td><td>刀具号</td><td>主轴转速（r/min）</td><td>进给量（mm/r）</td><td colspan="2">切削速度（m/min）</td></tr>
<tr><td rowspan="3">数控车削</td><td></td><td></td><td></td><td></td><td></td><td colspan="2"></td></tr>
<tr><td></td><td></td><td></td><td></td><td></td><td colspan="2"></td></tr>
<tr><td></td><td></td><td></td><td></td><td></td><td colspan="2"></td></tr>
</table>

续表

工序名称	工步号	工步内容	刀具号	主轴转速（r/min）	进给量（mm/r）	切削速度（m/min）
数控车削						
定位图						

加工者		设备号		夹具号		切削液	
编制		审核		批准		日期	

3．编写程序

程序	说明

4．加工操作

完成塑料碗模具型腔的加工，并在表 4—6—4 中记录其加工过程。

表 4—6—4　　加工过程记录表

<table>
<tr><th>操作步骤</th><th colspan="2">过程记录</th></tr>
<tr><td>开机、回参考点</td><td colspan="2"></td></tr>
<tr><td>装夹工件</td><td colspan="2">（1）采用________夹具装夹零件
（2）夹持零件______部位，伸出长度为___mm
（3）画出零件装夹示意图：</td></tr>
<tr><td rowspan="4">安装刀具</td><td colspan="2">1 号刀具：</td></tr>
<tr><td colspan="2">2 号刀具：</td></tr>
<tr><td colspan="2">3 号刀具：</td></tr>
<tr><td colspan="2">4 号刀具：</td></tr>
<tr><td>对刀及参数设置</td><td colspan="2">用简图标出对刀点位置：</td></tr>
<tr><td rowspan="2">输入程序并校验</td><td rowspan="2">（1）根据程序绘制刀具轨迹图</td><td>（2）记录错误程序段</td></tr>
<tr><td>（3）改正结果</td></tr>
<tr><td>加工零件</td><td colspan="2">记录加工过程中的现象及问题：</td></tr>
<tr><td>过程检测</td><td colspan="2">粗加工检测结果：____________
补偿值：X ______　Z ______
精加工检测结果：____________</td></tr>
</table>

5．加工精度检验与质量分析

（1）正确使用量具检测塑料碗模具型芯，并填写零件加工精度检测评分表（表 4—6—5）。

表 4—6—5　　　　　　　　　　　　**零件加工精度检测评分表**

<table>
<tr><th rowspan="2">考核项目</th><th colspan="2">考核内容</th><th colspan="2">配分</th><th rowspan="2">评分标准</th><th rowspan="2">检测结果</th><th rowspan="2">得分</th></tr>
<tr><th>尺寸精度（mm）</th><th>表面粗糙度（μm）</th><th>尺寸精度</th><th>表面粗糙度</th></tr>
<tr><td rowspan="8">尺寸精度及表面粗糙度</td><td>$\phi18^{+0.025}_{0}$</td><td>$Ra1.6$</td><td>9</td><td>2</td><td>超差不得分</td><td></td><td></td></tr>
<tr><td>$\phi24^{+0.025}_{0}$</td><td>$Ra1.6$</td><td>9</td><td>2</td><td>超差不得分</td><td></td><td></td></tr>
<tr><td>$\phi32.6^{+0.025}_{0}$</td><td>$Ra1.6$</td><td>9</td><td>2</td><td>超差不得分</td><td></td><td></td></tr>
<tr><td>内椭圆面
$a=10$，$b=14$</td><td>$Ra0.8$</td><td>15</td><td>4</td><td>超差不得分</td><td></td><td></td></tr>
<tr><td colspan="2">14.89</td><td colspan="2">3</td><td>超差不得分</td><td></td><td></td></tr>
<tr><td colspan="2">30</td><td colspan="2">3</td><td>超差不得分</td><td></td><td></td></tr>
<tr><td colspan="2">5</td><td colspan="2">3</td><td>超差不得分</td><td></td><td></td></tr>
<tr><td colspan="2">$R2$、$R1$</td><td colspan="2">4</td><td>超差不得分</td><td></td><td></td></tr>
<tr><td>工艺</td><td colspan="2">工艺制定合理</td><td colspan="2">5</td><td>每处错误扣 1 分</td><td></td><td></td></tr>
<tr><td>程序</td><td colspan="2">程序编制正确</td><td colspan="2">10</td><td>每处错误扣 1 分</td><td></td><td></td></tr>
<tr><td rowspan="2">其他</td><td colspan="2">安全文明生产</td><td colspan="2">10</td><td>违反规定为不合格</td><td></td><td></td></tr>
<tr><td colspan="2">现场操作规范</td><td colspan="2">10</td><td>违反规定为不合格</td><td></td><td></td></tr>
<tr><td colspan="3">合计</td><td colspan="2">100</td><td></td><td></td><td></td></tr>
</table>

（2）在表 4—6—6 中记录问题现象、产生原因、预防和消除措施。

表 4—6—6　　　　　　　　**数控车削塑料碗模具型腔的质量分析**

问题现象	产生原因	预防和消除措施

模块五　数控铣削加工

课题一　数控铣床基础知识与基本操作

一、填空题（将正确答案填写在横线上）

1. 数控铣床由____________、____________、____________、____________等几部分组成。

2. 数控铣床的三个原点是指____________、____________、____________。

3. 数控铣床/加工中心使用的刀具通过____与主轴相连，刀柄通过____固定在主轴上，由刀柄夹持铣刀传递______、______。

4. 常用的对刀方法有______对刀法、_________________对刀法、________对刀法、__________对刀法四种。

5. 数控铣床 X 坐标轴一般是______的，与工件安装面______，且垂直 Z 坐标轴。

6. 在数控铣床的操作中，方式选择主要有______、______、______、回零、手轮等。

7. 模具铣刀通常有三种类型：__________立铣刀、________________立铣刀及________________立铣刀。

二、选择题（将正确答案的代号填入括号内）

1. （　　）不属于数控装置的组成部分。

   A. 输入装置　　B. 输出装置　　C. 显示器　　D. 伺服机构

2. 主轴转速 n（r/min）与切削速度 v（m/min）的关系表达式是（　　）。

   A. $n=\pi vD/1\ 000$　　B. $n=1\ 000\pi vD$

   C. $v=\pi nD/1\ 000$　　D. $v=1\ 000\pi nD$

3. 工件零点应选在零件图的（　　）上，以便于坐标值的计算，并减少错误。

   A. 尺寸基准　　B. 设计基准　　C. 最大基准面　　D. 基准线

4. 通过（　　）设定工件坐标系的实质就是确定工件坐标系在数控铣床坐标系中的位置。

   A. 回零操作　　B. 对刀　　C. 启动数控系统　　D. 零点偏置

5. 数控铣床适于（　　）的生产。

   A. 大型零件　　B. 大批量零件

   C. 小批量的复杂零件　　D. 高精度零件

6. 切削用量中，（　　）对刀具磨损的影响最大。

   A. 切削速度　　B. 进给量　　C. 进给速度　　D. 背吃刀量

7. 按右手直角笛卡尔坐标系法则，当右手拇指指向 X 轴正方向时（　　）。

A. 食指指向 Z 轴正方向　　B. 中指指向 Y 轴正方向

C. 食指指向 Y 轴正方向　　D. 以上三种说法都不正确

8. 数控铣床 FANUC 0i－MB 数控系统的坐标显示有三种方式，用（　　）按钮切换。

A. PROG　　B. Esc　　C. PAGE　　D. POS

9. 用操作面板上的方向键控制数控铣床工作台（或主轴）的移动，应在（　　）方式下进行。

A. EDIT　　B. AUTO　　C. JOG　　D. HAND

10. 将数控铣床控制坐标轴设为 X 轴，手摇脉冲发生器做逆时针转动时（　　）。

A. 铣刀到工作台垂向距离变小　　B. 铣刀到工作台垂向距离变大

C. 铣刀向右或工作台向左移动　　D. 铣刀向左或工作台向右移动

11. 数控铣床刀具与主轴主要是依靠（　　）传递切削转矩的。

A. 圆锥面结合　　B. 螺纹连接　　C. 花键　　D. 端面键

12. 数控机床主轴锥孔的锥度通常为 7∶24，采用这种锥度是为了（　　）。

A. 靠摩擦力传递扭矩　　B. 自锁

C. 定位和便于装卸刀柄　　D. 以上几种情况都是

三、判断题（正确的打"√"，错误的打"×"）

1. 数控铣床中，所有的控制信号都是从数控系统发出的。（　　）
2. 数控铣床控制轴数就等于坐标联动轴数。（　　）
3. 数控铣床的工作台一定能做 X、Y、Z 三个方向的移动。（　　）
4. 数控铣削加工通常采用工序分散原则安排工艺路线。（　　）
5. 对刀点可以选择在零件上某一点，也可以选择零件外某一点。（　　）
6. 直接找正法安装工件简单、快速，因此生产效率高。（　　）
7. 数控铣床适用于大批量、高难度工件的加工。（　　）
8. 数控铣床的定位精度要高于同一项目的重复定位精度。（　　）
9. 数控铣床关闭电源前，通常要先按下急停按钮。（　　）
10. 数控铣床试切对刀时，不需要启动主轴使铣刀旋转，只要移动铣刀直接轻微碰触工件表面，即可确定工件坐标系原点坐标。（　　）
11. 塞尺对刀法操作比较简单，但是会在工件表面留下痕迹，对刀精度不高。（　　）

四、简答题

1. 数控铣床由哪几个部分组成？简述它们的作用。

2. 简述数控铣床坐标系 X、Z 轴命名及运动方向的规定。

3. 简述百分表对刀方法及其适用。

五、实训题

1. 在系统中输入下列两段程序，并进行轨迹仿真操作。

（1）程序一

```
%
O0001
G54 M3 S666;
G00 X-55.0 Y-50.0;
Z5.0;
G01 Z-6.0 F120;
G41 D01 G01 X-37.0 Y-35.0 F66;
G02 X-45.0 Y-27.0 R8.0;
G01 Y-14.0;
X-41.0 Y-10.0;
X-35.0;
G03 X-35.0 Y10.0 R10.0;
G01 X-41.0;
X-45.0 Y14.0;
Y27.0;
G02 X-37.0 Y35.0 R8.0;
G01 X37.0;
G02 X45.0 Y27.0 R8.0;
G01 Y14.0;
```

```
X41.0 Y10.0;
X35.0;
G03 X35.0 Y-10.0 R10.0;
G01 X41.0;
X45.0 Y-14.0;
Y-27.0;
G02 X37.0 Y-35.0 R8.0;
G01 X-37.0;
G40 G01 X-50.0 Y-50.0;
G00 Z50.0;
M30;
%
```

(2) 程序二

```
%
O0002;
G17 G40 G90 G94;
G91 G28 Z0;
G90 G54 M03 S660;
G00 X60.0 Y0;
Z5.0 M08;
G01 Z-4.0 F50;
G41 D02 G01 X32.0 Y0 F66;
Y-13.0;
G03 X17.0 Y-28.0 R15.0;
G01 X6.0;
G03 X-6.0 R6.0;
G01 X-24.0;
G02 X-32.0 Y-20.0 R8.0;
G01 Y-6.0;
G03 Y6.0 R6.0;
G01 X-35.68 Y36.0;
X-6.0 Y28.0;
G03 X6.0 R6.0;
G01 X24.0;
G02 X32.0 Y20.0 R8.0;
G01 Y6.0;
G03 Y-6.0 R6.0;
G40 G01 X60.0 Y0;
G00 Z50.0 M09;
```

```
G91 G28 Z0;
M30;
%
```

2. 如图 5—1—1 ~ 图 5—1—4 所示零件，工件坐标系原点位置已确定，试通过对刀操作将工件坐标系原点的机械坐标值输入到数控系统的 G54 中。

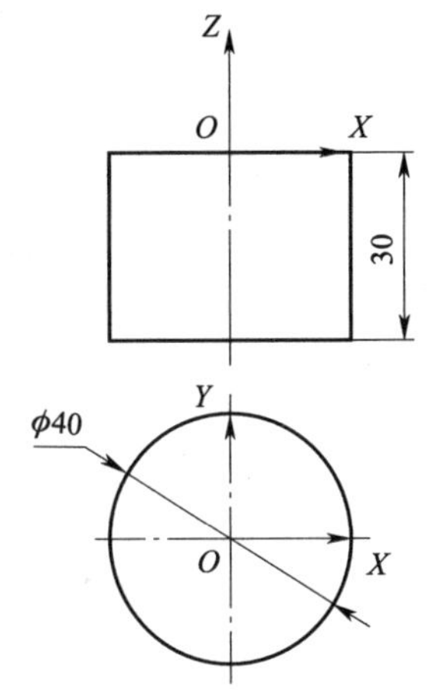

图 5—1—1　对刀操作练习（一）

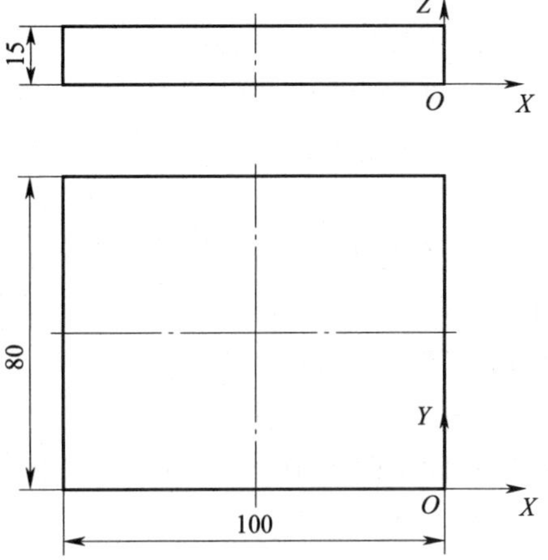

图 5—1—2　对刀操作练习（二）

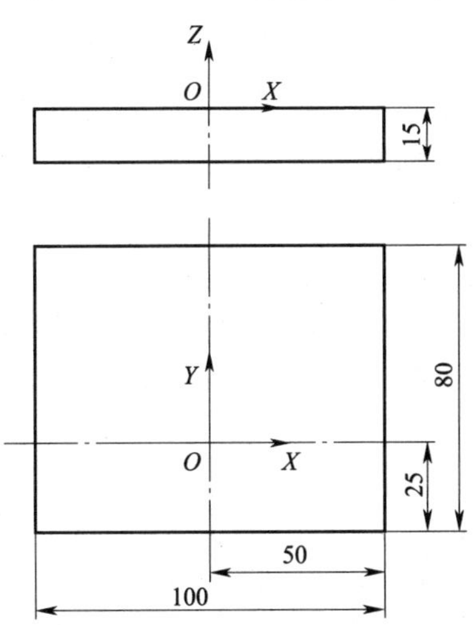

图 5—1—3　对刀操作练习（三）

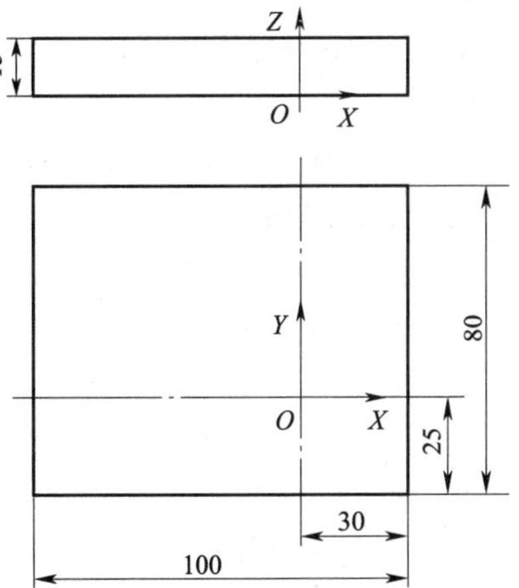

图 5—1—4　对刀操作练习（四）

课题二 数控铣削模具型芯

一、填空题（将正确答案填写在横线上）

1. 数控铣床编程指令代码均采用________________标准。

2. 在钻孔时，钻出的孔径偏大的主要原因是钻头的____________________________。

3. 孔加工固定循环的程序格式包括__________、__________、__________、__________和__________、__________六个动作。

4. FANUC 系统中指令顺圆插补指令是______，左刀补指令是________。

5. 建立或取消刀具半径补偿的偏置是在____________的执行过程中完成的。

6. 在数控铣床上加工整圆时，为避免工件表面产生刀痕，刀具从起始点沿圆弧表面的____________进入，进行圆弧铣削加工。

7. 在钻孔固定循环指令中，用 G98 指定刀具返回__________，用 G99 指定刀具返回__________。

二、选择题（将正确答案的代号填入括号内）

1. 数控铣床数控系统中“MDI”表示（　　）。
   A. 自动循环加工　　B. 手动数控输入
   C. 手动进给方式　　D. 示教方式

2. 在数控铣床操作面板 CRT 上显示“ALARM”表示（　　）。
   A. 系统未准备好　　B. 电池需更换
   C. 系统发出警告　　D. I/O 口正输入程序

3. 数控铣床输入程序时，F1500 表示的进给速度方向为（　　）方向。
   A. X　　B. Y　　C. Z　　D. 切点切线

4. 数铣加工程序段有（　　）指令时，切削液将关闭。
   A. M03　　B. M04　　C. M08　　D. M30

5. 数控铣床接通电源后，不做特殊指定的情况下，下列指令中有效的是（　　）。
   A. G17　　B. G18　　C. G19　　D. G20

6. 加工程序段出现 G01 时，必须在本段或本段之前指定（　　）的值。
   A. R　　B. T　　C. F　　D. P

7. 取消固定循环应选用指令（　　）。
   A. G80　　B. G81　　C. G82　　D. G83

8. 圆弧加工指令 G02/G03 中，I、K 值用于指示（　　）。
   A. 圆弧终点坐标　　B. 圆弧起点坐标
   C. 圆心的位置　　D. 起点相对于圆心位置

9. 刀具半径左补偿方向的规定是（　　）。
   A. 沿刀具运动方向看，工件位于刀具左侧

B. 沿工件运动方向看，工件位于刀具左侧

C. 沿工件运动方向看，刀具位于工件左侧

D. 沿刀具运动方向看，刀具位于工件左侧

10. 圆弧插补段程序中，若采用圆弧半径 R 编程时，从起始点到终点存在两条圆弧线段，当圆弧的圆心角（　　）180°时，用 $-R$ 表示圆弧半径。

A. 小于　　B. 等于　　C. 大于等于　　D. 大于

11. 通过钻→扩→铰加工，孔的直径通常能达到的经济精度为（　　）。

A. IT5 ~ IT6　　B. IT6 ~ IT7　　C. IT7 ~ IT8　　D. IT8 ~ IT9

三、判断题（正确的打"√"，错误的打"×"）

1. 圆弧插补用半径编程，当圆弧所对应的圆心角大于 180°时半径取负值。（　　）
2. 不同的数控机床可选用不同的数控系统，但数控加工程序指令都是相同的。（　　）
3. 通常在编程时，不论何种数控机床，都一律假定工件静止刀具移动。（　　）
4. 根据数控系统的不同，在某些系统中程序段的顺序号可以省略。（　　）
5. 非模态指令只能在本程序段内有效。（　　）
6. 顺时针圆弧插补（G02）和逆时针圆弧插补（G03）的判别方向是：沿着不在圆弧平面内的坐标轴正方向向负方向看去，顺时针方向为 G02，逆时针方向为 G03。（　　）

四、简答题

1. 简述返回参考点指令（G27、G28、G29）的功能。

2. 刀具半径补偿有什么优点？有哪些刀具半径补偿指令？

五、实训题

如图 5—2—1 所示为模具型芯零件，编写程序，并完成该零件加工。

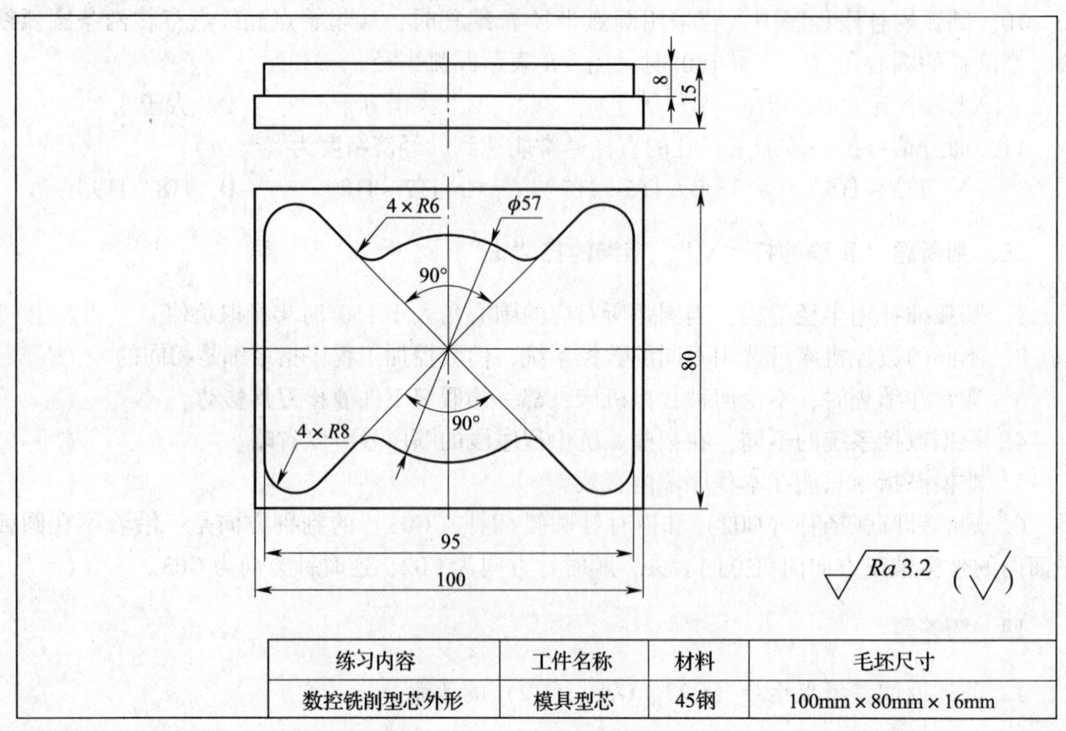

练习内容	工件名称	材料	毛坯尺寸
数控铣削型芯外形	模具型芯	45钢	100mm × 80mm × 16mm

图 5—2—1　模具型芯零件图

1. 选择夹具、工具、量具和刀具

根据零件图的要求，选择夹具、工具、量具和刀具，填入清单（表 5—2—1）。

表 5—2—1　　**夹具、工具、量具和刀具清单**

分类	名称	规格	数量	备注
夹具				
工具				
量具				
刀具				

2. 讨论并确定加工工艺方案

（1）根据零件特征和加工要求，写出零件所用夹具和安装方法。

（2）根据零件加工要求，绘制模具型芯的工艺简图，并在表 5—2—2 中写出加工工艺方案。

表 5—2—2　　　　　　数控铣削模具型芯的工艺简图及加工工艺方案

工艺简图	加工工艺方案

（3）根据零件图样要求和确定的加工工艺方案，填写模具型芯的数控加工工艺卡（表5—2—3）。

表 5—2—3　　　　　　　　　　　　数控加工工艺卡

<table>
<tr><td>产品名称及型号</td><td>零件名称</td><td>零件图号</td><td>材料</td><td rowspan="2">时间定额</td><td>基本时间</td><td></td></tr>
<tr><td>××××</td><td>模具型芯</td><td>××</td><td>45 钢</td><td>辅助时间</td><td></td></tr>
</table>

<table>
<tr><td>工序名称</td><td>工步号</td><td>工步内容</td><td>刀具号</td><td>主轴转速（r/min）</td><td>进给量（mm/r）</td><td>切削速度（m/min）</td></tr>
<tr><td rowspan="8">数控铣削</td><td></td><td></td><td></td><td></td><td></td><td></td></tr>
<tr><td></td><td></td><td></td><td></td><td></td><td></td></tr>
<tr><td></td><td></td><td></td><td></td><td></td><td></td></tr>
<tr><td></td><td></td><td></td><td></td><td></td><td></td></tr>
<tr><td></td><td></td><td></td><td></td><td></td><td></td></tr>
<tr><td></td><td></td><td></td><td></td><td></td><td></td></tr>
<tr><td></td><td></td><td></td><td></td><td></td><td></td></tr>
<tr><td></td><td></td><td></td><td></td><td></td><td></td></tr>
<tr><td>定位图</td><td colspan="6"></td></tr>
</table>

<table>
<tr><td>加工者</td><td></td><td>设备号</td><td></td><td>夹具号</td><td></td><td>切削液</td><td></td></tr>
<tr><td>编制</td><td></td><td>审核</td><td></td><td>批准</td><td></td><td>日期</td><td></td></tr>
</table>

3. 编写程序

程序	说明

4. 加工操作

完成模具型芯的数控铣削，并在表5—2—4中记录加工过程。

表5—2—4　　数控铣削模具型芯加工过程记录表

操作步骤	过程记录
开机、回参考点	
装夹工件	（1）采用________夹具装夹零件 （2）画出零件装夹示意图：
安装刀具	1号刀具：
	2号刀具：
	3号刀具：
	4号刀具：

续表

操作步骤	过程记录	
对刀及参数设置	用简图标出对刀点位置：	
输入程序并校验	（1）根据程序绘制刀具轨迹图	（2）记录错误程序段
		（3）改正结果
加工零件	记录加工过程中的现象及问题：	
过程检测	粗加工检测结果：__________________ 补偿值：X _________ Z __________ 精加工检测结果：__________________	

5. 加工精度检验与质量分析

（1）正确使用量具检测模具型芯，并填写零件加工精度检测评分表（表 5—2—5）。

表 5—2—5　　零件精度检测评分表

考核项目	考核内容	配分	评分标准	检测结果	得分
尺寸精度（mm）	95	10	超差 0.01 扣 3 分，扣完为止		
	$\phi57$	10	超差 0.01 扣 3 分，扣完为止		
	90°	10	超差 0.01 扣 3 分，扣完为止		
	$4\times R6$	5	超差 0.01 扣 2 分，扣完为止		
	$4\times R8$	5	超差 0.01 扣 2 分，扣完为止		
	15	5	超差 0.01 扣 2 分，扣完为止		
	8	10	超差 0.01 扣 3 分，扣完为止		
表面粗糙度（μm）	$Ra3.2$	10	降一级扣 3 分，扣完为止		
工艺	工艺制定合理	10	每处错误扣 2 分		
程序	程序编制正确	15	每处错误扣 3 分		
其他	安全文明生产	5	违反规定为不合格		
	现场操作规范	5	违反规定为不合格		
合计		100			

（2）在表 5—2—6 中记录问题现象、产生原因、预防和消除措施。

表 5—2—6　　　　数控铣削模具型芯的质量分析

问题现象	产生原因	预防和消除措施

课题三　数控铣削模具型腔

一、填空题（将正确答案填写在横线上）

1. 在“G91 G00 X100 Y50;”程序段中，“X100 Y50;”的含义是：____。

2. 在精铣内外轮廓时，为改善表面粗糙度，应采用________的进给路线加工方案。

3. F 指令用于指定_____________，T 指令用于指定______，S800 表示_______________________。

4. FANUC 系统中指令 G40、G41、G42 的含义分别是_____________、_____________、_____________。

5. G17、G18、G19 三个指令分别为机床指定____、____、____平面上的加工。

6. 模具型腔分为三种类型：____型腔、________型腔、________型腔。型腔加工的特点是粗加工时有________要被切除，一般采用______切削的方法。

二、选择题（将正确答案的代号填入括号内）

1. “G91 G03 X0 Y0 I－20 J0 F100;”执行前后，刀具所在位置的距离为（　　）mm。

A. 0　　　　B. 10　　　　C. 20　　　　D. 40

2. 数控铣床电源接通后，是（　　）状态。

A. G40　　B. G41　　C. G42　　D. G43

3. 辅助功能分为两类：控制机床动作和控制程序执行。下列 M 功能中，控制机床动作的是（　　）。

A. M00　　B. M01　　C. M02　　D. M03

4. 假设在“G01 X30 Y6 F100;”后执行“G91 G01 Y15;”，则 *Y* 轴正方向实际移动量为（　　）mm。

A. 9　　B. 21　　C. 15　　D. 30

5. 零件加工时选择的定位粗基准可以使用（　　）。

A. 1 次　　B. 2 次　　C. 3 次　　D. 4 次及以上

6. 下列提法中错误的是（　　）。

A. G92 是模态指令　　B. G04 X3.0 表示进给暂停 3 s

C. G41 是刀具半径左补偿　　D. G41 和 G42 设定的功能均能用 G40 取消

7. 用立铣刀铣键槽属于（　　）加工。

A. 轨迹法　　B. 成形法　　C. 包络法　　D. 逆铣法

8. 用内径千分表检测孔的直径属于（　　）。

A. 直接、绝对法测量　　B. 间接、绝对法测量

C. 直接、相对法测量　　D. 间接、相对法测量

9. 采用固定循环编程可以（　　）。

A. 加快切削速度，提高加工质量　　B. 缩短程序的长度，减少程序所占的内存

C. 减少换刀次数，提高切削速度　　D. 减少吃刀量，保证加工质量

三、判断题（正确的打“√”，错误的打“×”）

1. 刀具补偿功能包括刀补的建立、刀补的执行和刀补的取消三个阶段。（　　）

2. 圆弧插补中，整圆的起点和终点相重合，用 *R* 编程无法定义，所以只能用圆心坐标编程。（　　）

3. 插补运动的实际插补轨迹始终不可能与理想轨迹完全相同。（　　）

4. 数控铣床编程有绝对值编程和增量值编程，使用时不能将它们放在同一程序段中。（　　）

5. *ZX* 平面的圆弧铣削程序中须指定 G18。（　　）

四、简答题

1. 简述数控铣削钻孔循环指令 G81 和 G82 的动作循环及它们的区别。

2. 写出下列数控铣床孔加工固定切削循环中各代码的意义。

G99 G90 G81 X20 Y45 Z－43 R－27 F30；

五、实训题

如图 5—3—1 所示为型腔零件，编写程序，并完成该零件加工。

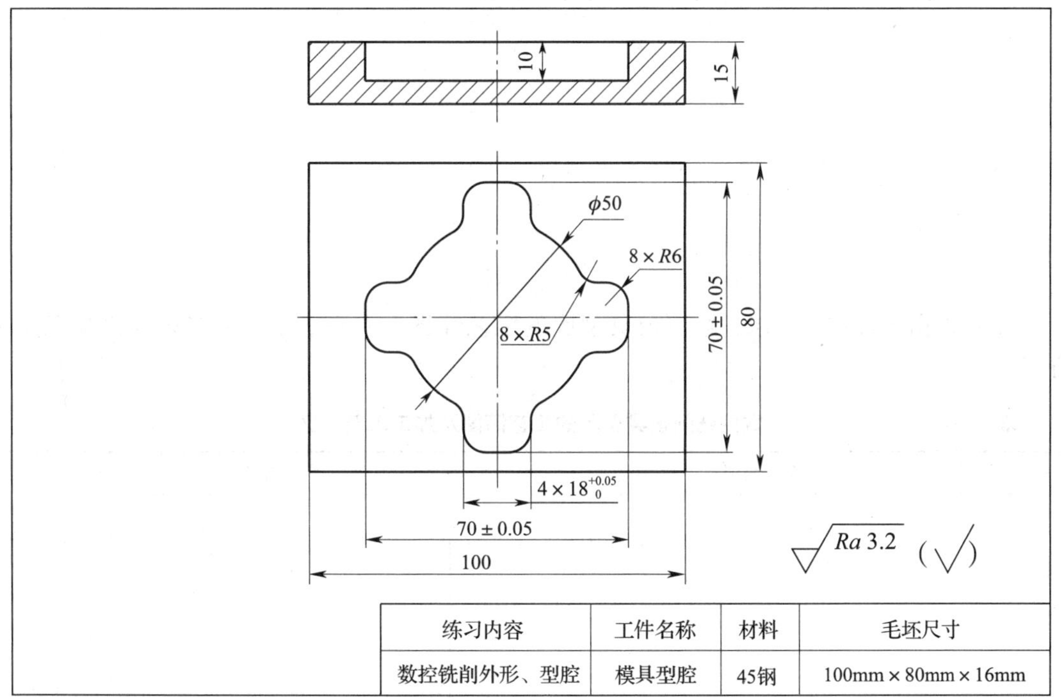

练习内容	工件名称	材料	毛坯尺寸
数控铣削外形、型腔	模具型腔	45钢	100mm×80mm×16mm

图 5—3—1　模具型腔零件图

1. 选择夹具、工具、量具和刀具

根据零件图的要求，选择夹具、工具、量具和刀具，填入清单（表 5—3—1）。

表 5—3—1　　　　**夹具、工具、量具和刀具清单**

分类	名称	规格	数量	备注
夹具				

续表

分类	名称	规格	数量	备注
工具				
量具				
刀具				

2. 讨论并确定加工工艺方案

(1) 根据零件特征和加工要求，确定零件的夹具和安装方法。

(2) 根据零件加工要求，绘制模具型腔的工艺简图，并在表 5—3—2 中写出加工工艺方案。

表 5—3—2　　数控铣削模具型腔的工艺简图及加工工艺方案

工艺简图	加工工艺方案

续表

工艺简图	加工工艺方案

（3）根据零件图样要求和确定的加工工艺方案，填写模具型腔的数控加工工艺卡（表5—3—3）。

表 5—3—3　　数控加工工艺卡

<table>
<tr><td colspan="2">产品名称及型号</td><td>零件名称</td><td>零件图号</td><td>材料</td><td rowspan="2">时间定额</td><td>基本时间</td><td></td></tr>
<tr><td colspan="2">××××</td><td>模具型腔</td><td>××</td><td>45 钢</td><td>辅助时间</td><td></td></tr>
<tr><td>工序名称</td><td>工步号</td><td>工步内容</td><td>刀具号</td><td colspan="2">主轴转速（r/min）</td><td>进给量（mm/r）</td><td>切削速度（m/min）</td></tr>
<tr><td rowspan="6">数控铣削</td><td></td><td></td><td></td><td colspan="2"></td><td></td><td></td></tr>
<tr><td></td><td></td><td></td><td colspan="2"></td><td></td><td></td></tr>
<tr><td></td><td></td><td></td><td colspan="2"></td><td></td><td></td></tr>
<tr><td></td><td></td><td></td><td colspan="2"></td><td></td><td></td></tr>
<tr><td></td><td></td><td></td><td colspan="2"></td><td></td><td></td></tr>
<tr><td></td><td></td><td></td><td colspan="2"></td><td></td><td></td></tr>
</table>

续表

工序名称	工步号	工步内容	刀具号	主轴转速（r/min）	进给量（mm/r）	切削速度（m/min）
数控铣削						
定位图						

加工者		设备号		夹具号		切削液	
编制		审核		批准		日期	

3. 编写程序

程序	说明

4. 加工操作

完成模具型腔的数控铣削，并在表 5—3—4 中记录加工过程。

表 5—3—4　　数控铣削模具型腔加工过程记录表

<table>
<tr><th>操作步骤</th><th colspan="2">过程记录</th></tr>
<tr><td>开机、回参考点</td><td colspan="2"></td></tr>
<tr><td>装夹工件</td><td colspan="2">（1）采用________夹具装夹零件
（2）画出零件装夹示意图：</td></tr>
<tr><td rowspan="4">安装刀具</td><td colspan="2">1 号刀具：</td></tr>
<tr><td colspan="2">2 号刀具：</td></tr>
<tr><td colspan="2">3 号刀具：</td></tr>
<tr><td colspan="2">4 号刀具：</td></tr>
<tr><td>对刀及参数设置</td><td colspan="2">用简图标出对刀点位置：</td></tr>
<tr><td rowspan="2">输入程序并校验</td><td rowspan="2">（1）根据程序绘制刀具轨迹图</td><td>（2）记录错误程序段</td></tr>
<tr><td>（3）改正结果</td></tr>
<tr><td>加工零件</td><td colspan="2">记录加工过程中的现象及问题：</td></tr>
<tr><td>过程检测</td><td colspan="2">粗加工检测结果：________
补偿值：X ________ Z ________
精加工检测结果：________</td></tr>
</table>

5. 加工精度检验与质量分析

（1）正确使用量具检测模具型腔，并填写零件加工精度检测评分表（表 5—3—5）。

表 5—3—5　　零件精度检测评分表

考核项目	考核内容	配分	评分标准	检测结果	得分
尺寸精度（mm）	70 ±0.05	10	超差 0.01 扣 3 分，扣完为止		
	70 ±0.05	10	超差 0.01 扣 3 分，扣完为止		
	$4\times18^{+0.05}_{0}$	8	超差 0.01 扣 3 分，扣完为止		
	$\phi50$	4	超差 0.01 扣 3 分，扣完为止		
	$8\times R5$	4	超差 0.01 扣 3 分，扣完为止		
	$8\times R6$	4	超差 0.01 扣 3 分，扣完为止		
	10	10	超差 0.01 扣 3 分，扣完为止		
表面粗糙度（μm）	$Ra3.2$	10	降一级扣 3 分，扣完为止		
工艺	工艺制定合理	10	每处错误扣 2 分		
程序	程序编制正确	20	每处错误扣 2 分		
其他	安全文明生产	5	违反规定为不合格		
	现场操作规范	5	违反规定为不合格		
合计		100			

（2）在表 5—3—6 中记录问题现象、产生原因、预防和消除措施。

表 5—3—6　　数控铣削模具型腔的质量分析

问题现象	产生原因	预防和消除措施

模块六　模具零件精密加工

课题一　成形磨削加工简介

一、填空题（将正确答案填写在横线上）

1．成形磨削是精加工________的一种方法。

2．许多形状复杂的凸凹模刃口一般都是由一些________与________组成。

3．成形磨削可对热处理淬硬后硬度很高的凸模进行______，消除________对精度的影响。

4．成形磨削可以在______磨床、________磨床、__________磨床和数控成形磨床上进行。

5．__________夹具可用于磨削具有同一个回转中心的圆柱面和斜面。

6．万能夹具主要由______部分、______部分、__________和________部分组成。

7．用正弦分度夹具磨削工件，由于磨削圆弧和直线都是以夹具中心线为基准的，所以被磨削表面的尺寸需用____________、________和________进行比较测量。

二、选择题（将正确答案的代号填入括号内）

1．下列型号表示为国产平面磨床的是（　　）。

A．618　　B．M7112　　C．113　　D．SW 4 VALL

2．M7120A 型平面磨床是一种常用的（　　）轴矩台平面磨床。

A．卧　　B．立　　C．可倾斜　　D．三

3．为适应凹形曲线的磨削，砂轮应修整成圆形或（　　）形。

A．U　　B．V　　C．W　　D．半圆

4．正弦精密平口钳用于磨削零件上的斜面，最大的倾斜角度为（　　）。

A．30°　　B．45°　　C．60°　　D．75°

三、判断题（正确的打“√”，错误的打“×”）

1．采用成形磨削加工，会使凸、凹模的圆弧与直线的连接处光滑过渡，符合设计要求。（　　）

2．成形磨削可对拼装凹模进行精加工，减少钳工工作量，提高生产效率。（　　）

3．砂轮架不能做纵向和横向的送进运动以及沿垂直轴和水平轴的转动。（　　）

4．成形砂轮磨削法利用修整砂轮工具将砂轮修整成与工件成形面完全吻合的成形面，然后用砂轮磨削工件，即可获得所需要的形状。（　　）

5. 根据金刚石刀刀尖的位置不同，可以修整出凸圆弧或凹圆弧的砂轮。 （ ）

6. 正弦精密平口钳由带有精密平口钳的正弦尺和侧挡板组成。 （ ）

四、简答题

1. 夹具磨削法常用的夹具有哪些？

2. 工件在正弦分度夹具上有哪两种安装方法？

课题二 坐标镗床加工简介

一、填空题（将正确答案填写在横线上）

1. 坐标镗床上既可以进行________、________、________、________与精铣平面等加工，也可以进行精密划线及检验。

2. 镗孔坐标位置由________________移动和____________移动来确定。

3. 坐标镗床适用于各类______、______和______上的孔与孔系的精密加工。

4. 常用的坐标镗床是_____坐标镗床，其比较典型的型号为____________。

5. 立式双柱坐标镗床的______的悬伸距离____，而且装在龙门框架上，容易保证机床刚度。

6. 镗孔时，卧式坐标镗床的进给运动可由主轴的__________来完成，也可由上滑座沿着下滑座的移动来完成。

7. 坐标镗床是靠_____的__________装置来确定工作台、主轴的位移距离，以实现工件与刀具的精确定位。

8. 光学中心测定器的锥尾安装在__________的____孔内。

二、选择题（将正确答案的代号填入括号内）

1. 坐标镗床加工的加工精度和生产效率与工件材料、刀具材料及镗削用量（　　）关系。

A. 有着直接　　B. 没有　　C. 无关紧要　　D. 有一点

2. 当孔的直径（　　）ϕ20 mm，精度要求比 IT7 级低，表面粗糙值度为 Ra0. 2 ~ 0. 8 μm 时，可以用铰孔代替镗孔。

A. 大于　　B. 小于　　C. 等于　　D. 大于等于

3. 铰孔是坐标镗床工作中常用的孔加工方法，是在钻孔、扩孔或半精镗孔（　　），用以减小孔的表面粗糙度值和提高几何形状精度的精加工工序。

A. 之前　　B. 之后　　C. 之间　　D. 前后均可

4. 为了提高生产效率，减少工作台移动的时间，钻孔时应优先加工（　　）的孔。

A. 最远　　B. 相邻　　C. 中间　　D. 等直径

三、判断题（正确的打“√”，错误的打“×”）

1. 坐标镗床利用坐标法原理，采用无误差补偿装置的精密丝杠及精密直尺，并由能提供准确读数（可读出 0. 001 mm）的光学装置来实现工作台的精确移动。　　（　　）

2. 镗孔坐标位置由主轴箱沿横梁导轨的滚动和工作台沿床身导轨的滚动来确定。　　（　　）

3. 镗孔时的进给运动既可由主轴的轴向移动来完成，又可由上滑座沿着下滑座的移动来完成。　　（　　）

四、简答题

1. 简述坐标镗床的加工范围及达到的加工精度。

2. 坐标镗床的种类有哪些？

3. 坐标镗床的主要附件有哪些？

4. 根据模板的形状特点，工件装夹的定位基准主要有哪几种？

课题三　坐标磨床加工简介

一、填空题（将正确答案填写在横线上）

1. 坐标磨床是在坐标镗床的______和______的基础上发展起来的一种精密机床。

2. 对于位置、尺寸精度和硬度要求高的______、______的模板和凹模，是一种较理想的加工方法。

3. 坐标磨床可以加工直径为______mm 的高精度孔，加工精度可达______μm 左右，表面粗糙度值为 *Ra* ______ ~ ______μm，最高可达 0.2 μm。

4. 坐标磨床有______和______两类。

5. 工作台横向、纵向移动的坐标距离分别由安装在______内和______内的直线式感应同步器数显测量系统精确测定和显示。

6. 开口型端面规找正工件______与______重合的位置。

7. 找正工件侧基准面或______与主轴轴线重合的位置可用中心显微镜。

8. 中心显微镜找正为了确保位置正确，可在______方向上找正重合。

二、选择题（将正确答案的代号填入括号内）

1. MK2932B 型坐标磨床主机工作台可沿滑座导轨做（　　）移动，滑座又可沿底座的导轨做纵向移动。

A. 横向　　B. 纵向　　C. 倾斜　　D. 垂直

2. 百分表可用来找正工件基准侧面与主轴轴线（　　）的位置。

A. 不重合　　B. 重合　　C. 平行　　D. 任意

3. 在坐标磨床上进行内孔磨削时，砂轮做高速回转，主轴做行星运动和往复直线运动，利用行星运动实现砂轮的（　　）进给。

A. 径向　　B. 轴向　　C. 横向　　D. 纵向

4. 在坐标磨床上进行端面磨削时，应注意砂轮直径与孔径相比不能过大，否则易形成（　　）面。

A. 凸　　B. 凹　　C. 斜　　D. 台阶

三、判断题（正确的打“√”，错误的打“×”）

1. 坐标磨床加工的生产效率较高，加工工艺比较简单，设备便宜，所以经常被采用。（　　）

2. 坐标磨床的磨头箱可沿立柱导轨上下移动，以适应不同高度的工件加工。 ( )

3. 磨削内孔时，砂轮直径约为心轴的2.5倍。 ( )

4. 端面磨削应将砂轮底部修成凹面，以提高磨削效率，便于出屑；砂轮直径与孔径相比不能过大。 ( )

四、简答题

1. 坐标磨床常用的定位找正方法有哪些？

2. 坐标磨床常用磨削方法有哪些？

3. 根据所用坐标磨床的不同，目前主要有哪两种磨削方法？